FUZA NENGLIANG XITONG
ZONGHE FENXI FANGFA JI YINGYONG

U0155595

复杂能量系统
综合分析方法及应用

冉　鹏　王亚瑟　编著

吉林大学出版社
·长春·

图书在版编目(CIP)数据

复杂能量系统综合分析方法及应用 / 冉鹏,王亚瑟
编著.--长春:吉林大学出版社,2023.11

ISBN 978-7-5768-2567-1

Ⅰ.①复… Ⅱ.①冉… ②王… Ⅲ.①能源-动力系
统-研究 Ⅳ.①TK

中国国家版本馆 CIP 数据核字(2023)第 221566 号

书　　名	复杂能量系统综合分析方法及应用	
	FUZA NENGLIANG XITONG ZONGHE FENXI FANGFA JI YINGYONG	
作　者	冉　鹏　王亚瑟　编著	
策划编辑	黄国彬	
责任编辑	黄国彬	
责任校对	王　蕾	
装帧设计	繁华教育	
出版发行	吉林大学出版社	
社　　址	长春市人民大街 4059 号	
邮政编码	130021	
发行电话	0431-89580028/29/21	
网　　址	http://www.jlup.com.cn	
电子邮箱	jldxcbs@sina.com	
印　　刷	三河市腾飞印务有限公司	
开　　本	787×1092　1/16	
印　　张	15	
字　　数	304 千字	
版　　次	2023 年 11 月　第 1 版	
印　　次	2024 年 1 月　第 1 次	
书　　号	ISBN 978-7-5768-2567-1	
定　　价	88.00 元	

前言 PREFACE

　　当前及未来一段时期是世界能源转型的关键期,全球能源将加速向低碳、零碳方向演进,包括我国在内的世界各国相继颁布了一系列政策,确定了以新能源为导向的能源行业转型目标。

　　随着可再生能源占比不断增大,其必将逐步成为未来能源系统的第一大能源供应源;但随着新能源渗透率的不断提升,系统调节能力不足的问题日益加深,火电出力水平已经降低到极限,消纳能力接近极限。可以预见,灵活性电源、需求侧响应能力、可再生能源最大化消纳是未来能源系统的持续且必要的巨大需求,未来的能源利用系统将发展成为含高比例可再生能源,且具有分布式、智能化、多能互补特征,并能及时进行需求侧响应的复杂能量系统。

　　近十余年来,华北电力大学复杂能量系统集成优化课题组紧密结合我国国情及能源发展战略,用开放、系统、全面和发展的观点,对含储能的各类复杂能量系统进行了深入研究,逐渐形成了包含压缩空气储能、燃料电池、电化学储能、重整制氢、太阳能催化制氢、二次提质储能、新能源、核电及传统燃电等复杂能量系统的全范围动态仿真、设计分析、集成优化、特性规律、能量—烟—环境—经济综合评价以及调峰与调频、在线监测与节能分析、大数据分析与故障诊断、碳排放实时检测等多维度的研究体系。

　　本书集上述十余年的研究成果编著而成,旨在从系统层次对含储能的复杂能量系统综合分析所涉及的重要问题进行阐述。全书共分为6章,第1章介绍了复杂能量系统分析的建模与仿真基础,第2章对热经济学方法的可用能分析方法进行了介绍,第3章介绍了复杂能量系统分析的经济学基础部分,第4章对复杂能量系统的多指标分析方法进行了阐述,第 5 章重点对能量计价方法进行了介绍,第 6 章对㶲经济学所涉及的主流方法进行了介绍。

　　本书在借鉴现有国内外相关研究成果的基础上,并结合华北电力大学复杂能量系统集成优化研究团队多年在复杂能量系统综合分析领域研究成果的总结和提炼基础上编撰而成。全书由冉鹏统稿并编撰,相关内容所涉及的部分分析方法仍在不断发展,本书只提供一些借鉴参考。由于编者的知识范围和经验所限,书中难免存在疏漏及不足之处,热忱欢迎各位读者批评指正。

作　者

2023 年 6 月

目 录 CONTENTS

第1章

复杂能量系统分析基础
——建模与仿真

开展复杂能量系统热经济学分析的基础工作之一是获取较为可靠的系统运行数据，一般来说有两种办法，一是采用试验或采集真实的运行数据，二是通过建模仿真而获取相应数据，本书在作者多年从事建模仿真科研工作的基础上，介绍了复杂能量系统中常见的设备及过程模型，供读者了解建模仿真及相关模型。

1.1　仿真建模概述

1.1.1　仿真的基本概念

对不能够用解析方法求解的数学问题，将数学问题以微分方程形式表示，并转换成差分方程，利用电子计算机进行数值计算，获得近似的结果，模拟真实过程，称之为计算机仿真。为清晰说明相关过程，举例如下：

【例 1-1】　已知一个空水箱的长（$l=25\text{m}$）、宽（$w=10\text{m}$）、高（$h=4\text{m}$），水箱有一个进水管和一个出水管（图 1-1）。将水箱的水位表示为 level，水的密度为 ρ（kg/m^3）。现在进水流量为 $f_1=500$（kg/s），出水流量 $f_2=50$（kg/s），求将水箱灌满需要多长时间（或者说需要多长时间 level$=h$）？

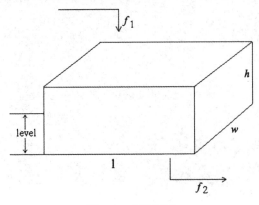

图 1-1　水箱示意

解法 1：将水箱灌满所需要的时间：

$$t=\frac{l \cdot w \cdot h \cdot \rho}{f_1-f_2} \tag{1-1}$$

解法 2：首先求水位 level 随时间 t 的变化规律，当 level$=h$ 时水箱灌满，即可求出水箱灌满所需的时间。

$$\text{level} = \frac{(f_1 - f_2) \cdot t}{l \cdot w} \tag{1-2}$$

在本例题中，对于所要求的问题，可以直接利用公式推导出解析表达式，可以求得理论解。如果题目发生一些变化，可能无法推导出解析表达式，见例2。

【例1-2】 已知一个空水箱的长（$l = 25\text{m}$）、宽（$w = 10\text{m}$）、高（$h = 4\text{m}$），水箱有一个进水管和一个出水管（图1-1）。设水箱的水位为 level，水的密度为 ρ（kg/m^3）。现在进水流量为 $f_1 = 500 \mid \sin(\omega t) \mid$（$\text{kg/s}$），假定出水流量 $f_2 = k \cdot \text{level}$（$\text{kg/s}$），$w = 10m$，$k = 50$ 且 $f_1 > f_2$，求水箱水位的变化规律？

解：由于进水流量 $f_1 = 500 \mid \sin(\omega t) \mid$、出水流量 $f_2 = k \cdot \text{level}$ 不再是一个固定值，所以不能够直接求出关于时间 t 的解析表达式。假定在一段极小的时间段 $\text{d}t$ 内 f_2 是不变的，可以写出关于水位的微分表达式：

设水箱内水的质量为 M，单位时间 $\text{d}t$ 内质量的变化等于进、出口流量差，即：

$$\frac{\text{d}M}{\text{d}t} = f_1 - f_2 \tag{1-3}$$

其中，

$$M = \rho \cdot \text{level} \cdot l \cdot w \tag{1-4}$$

$$f_2 = k \cdot \text{level} \tag{1-5}$$

将公式(1-4)和(1-5)带入公式(1-3)，可得

$$\rho \cdot l \cdot w \cdot \frac{\text{d(level)}}{\text{d}t} = f_1 - k \cdot \text{level} \tag{1-6}$$

公式(1-6)仅仅给出了水位随时间的变化关系，并不能求出水位值。根据高等数学中的泰勒级数公式，将微分方程变换为差分方程（当然会产生误差）。

高等数学中的泰勒级数可以表述为：若函数 $f(x)$ 在点 x_0 的某一临域内具有直到（$n+1$）阶导数，则 $f(x)$ 在该邻域内的 n 阶泰勒公式为

$$f(x) = f(x_0) + f'(x_0)(x - x_0) + \frac{f''(x_0)}{2!}(x - x_0)^2 + \cdots$$
$$+ \frac{f^{(n)}(x_0)}{n!}(x - x_0)^n + R_n(x) \tag{1-7}$$

其中，$R_n(x) = \frac{f^{(n+1)}(\xi)}{(n+1)!}(x - x_0)^{n+1}$ 称为拉格朗日余项。

在公式(1-6)中，水位 level(t) 是关于时间 t 的函数。将公式(1-7)应用到函

数 $level(t)$ ，其中，时间 t 相当于公(1-7)中的 x ，$level(t)$ 相当于 $f(x)$ ，$x-x_0$ 相当于 dt ，令 $level(t)$ 表示当前时刻的水位值，$level(t_0)$ 表示前一时刻的水位值，将公式(1-7)简化为(该方法就是数值计算方法中的欧拉法)

$$f(x) = f(x_0) + f'(x_0)(x - x_0) \tag{1-8}$$

将 $level(t)$ 带入公式(1-8)可得

$$level(t) = level(t_0) + level'(t_0) \cdot dt \tag{1-9}$$

其中，

$$level'(t_0) = \frac{d(level(t_0))}{dt} \tag{1-10}$$

由公式(1-9)和(1-10)可得

$$\frac{d(level(t_0))}{dt} = \frac{level(t) - level(t_0)}{dt} \tag{1-11}$$

将公式(1-11)带入公式(1-6)可得

$$\rho \cdot l \cdot w \cdot \frac{level(t) - level(t_0)}{dt} = f_1 - k \cdot level(t) \tag{1-12}$$

将上式合并同类项可得

$$level(t) = \frac{f_1 + \frac{\rho \cdot l \cdot w}{dt} \cdot level(t_0)}{\frac{\rho \cdot l \cdot w}{dt} + k} \tag{1-13}$$

公式(1-13)给出了水位随时间的变化关系。取 $dt = 1$ ，根据计算机仿真计算可以得到水位变化曲线，由图 1-2 可知大概在 4096s 可以将水箱灌满。

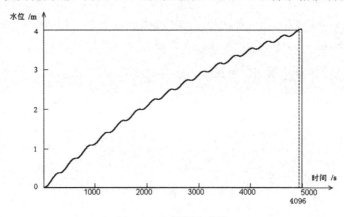

图 1-2　水位变化曲线

根据上述的公式推导可以看出，对于不能直接得到解析表达式的数学问题，建立相应的微分方程，再转化成差分方程，利用计算机进行数值计算，可以得到大致的结果。

1.1.2　仿真类型

1.1.2.1　物理仿真

按照真实系统的物理性质构造系统的物理模型，以再现系统的一些特性，该方法称之为物理模型，如飞机的 1∶1 风洞试验模型。

1.1.2.2　数学仿真

按照真实系统的数学关系构造系统的数学模型，即将实际系统的特性用数学形式表达出来，以再现系统特性并在数学模型上进行试验，称为数学仿真，如火电厂发电机组数学模型。

1.1.2.3　物理-数学仿真

将系统的一部分用数学模型描述，并在计算机上进行运算，另一部分则构造物理模型或者直接采用实物，将数学模型和物理模型连接成系统，该方法称之为物理-数学仿真。

1.1.3　模型分类

计算机仿真的关键在于建立正确的数学模型。由于研究目的不同，所建立的数学模型形式和选用的计算方法差别也很大。根据所建模型的机理，可以分为黑箱模型(经验模型)、白箱模型(机理模型)和灰箱模型。

1.1.3.1　黑箱模型

在物理模型或者实际机组得到的试验数据和运行数据，经过数据统计、处理、拟合、辨识等方法得到的数学模型，这些模型通常是关于几个主要输入、输出参数间的关系，模型针对特定的对象精度高，但通用性不强。黑箱模型的建立不理会实际过程的物理、化学等性质，纯粹从数学出发，假设一个模型结构，因此数据里没有包含机组的工况，黑箱模型无法做出预测。黑箱模型一般根据阶跃

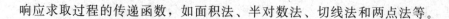

响应求取过程的传递函数，如面积法、半对数法、切线法和两点法等。

1.1.3.2 白箱模型

白箱模型一般指那些内部规律比较清楚的模型。在火电机组建模中可按照相关理论，描述火电机组内部工质流动、燃烧、传热、做功等过程而建立的模型。因为白箱模型采用机理建模，因此对实际过程的数据没有太大的依赖，通用性强，其定性结论正确，但是白箱模型预测结果的精度一般不高，对所采用的建模方法有较强的依赖性，数据运算量大，对计算机硬件性能要求较高。

1.1.3.3 灰箱模型

灰箱模型介于上述两种模型之间，指内部机理部分已知的系统，灰箱模型是依据系统的输入/输出和部分已知的内部机理建立的模型。

在本书中，主要采用白箱方法建模，根据系统实际运行情况辅助以黑箱模型修正。

1.1.4 仿真建模的基本原理

复杂能量系统涉及设备及过程众多，各设备及参数相互耦合影响，需将复杂的能量系统分解为具备独立功能的单元，并对其建模，最后将各单元设备及过程模型集成为复杂的能量系统，从而获得系统相关动态特性。下面以火电机组仿真建模为例，介绍相关过程。

火力发电厂是将燃料中的化学能转变为电能，该过程是将燃料的化学能通过热量交换转化为汽水工质的热能，热能推动汽轮机转动，转化为汽轮机的机械能，汽轮机带动发电机转动做功，转化为电能。所以在热机部分存在着两种类型的过程，称之为压力-流量通道和温-焓通道，即流动过程和换热过程。其中流动过程包括流量计算环节、压力节点计算环节、泵/风机、汽轮机级组等。换热过程包括对流换热和辐射换热。

火电厂系统庞大、设备众多、连接关系复杂、监视和控制的参数也多，对整个火电厂进行总体建模是不现实的。基于系统分解的思想，将大系统分解为较为简单的设备或环节，分别对各个设备或环节进行数学建模，再将各个设备的数学模型连接在一起，就可以对整个系统的动态特性进行计算机仿真。

在对各个环节进行数学建模和公式推导时，应遵循如下的定律或规则。

1.1.4.1　质量守恒定律

质量既不能创生，也不会消失，只能从一种形式转变为另一种形式。

在任何与周围隔绝的体系中，不论发生何种变化或过程，其总质量始终保持不变。或者说，化学变化只能改变物质的组成，但不能创造物质，也不能消灭物质，所以该定律又称物质不灭定律。

1.1.4.2　能量守恒定律

能量既不会凭空产生，也不会凭空消失，它只能从一种形式转化为别的形式，或者从一个物体转移到别的物体，在转化或转移的过程中其总量不变。

1.1.4.3　动量守恒定律

一个系统不受外力或所受外力之和为零，这个系统的总动量保持不变，这个结论叫作动量守恒定律。

1.1.4.4　集总参数法

根据模型的简化程度可以分为集总参数模型和分布参数模型。

其中集总参数法对于组成部件只关心整体性能，即只关心部件进出口截面上热力参数的变化规律，用某种意义上的平均特征参数的变化规律来近似相关参数的变化规律。优点是计算简单，占用的计算时间和计算内存较少，计算结果基本能够包括锅炉运行时所能够监测到的参数，因此仿真机中使用此种模型。

1.1.4.5　微分方程计算采用欧拉法进行差分计算

常微分方程数值解法：欧拉(Euler)方法是解初值问题的最简单的数值方法。初值问题

$$\begin{cases} y' = f(x, y) \\ y(x_0) = y_0 \end{cases} \tag{1-14}$$

公式(1-14)的解 $y = y(x)$ 代表通过点 (x_0, y_0) 的一条称之为微分方程的积分曲线。积分曲线上每一点 (x, y) 的切线的斜率 $y(x)$ 等于函数 $f(x, y)$ 在这点的值。

在计算机计算中只要计算出函数 $y(x)$ 在一系列节点 $a = x_0 < x_1 < \cdots < x_n$

$=b$ 处的近似值 $y_i \approx y(x_i)(i=1, \cdots, n)$，节点间距 $h_i = x_{i+1} - x_i$，$(i=1, \cdots, n)$ 为步长（通常采用等距节点，即取 $h_1 = h$（常数）），当 h 足够小时，计算就可有足够的精度，满足仿真要求。

显式欧拉公式：

向前差商近似导数：

$$y'(x_0) \approx \frac{y(x_1) - y(x_0)}{h} \tag{1-15}$$

由公式 (1-15)，可知

$$y(x_1) \approx y(x_0) + hy'(x_0) = y_0 + hf(x_0, y_0) \tag{1-16}$$

依次类推：

$$y_{i+1} = y_i + f(x_i, y_i)(i=0, \cdots, n-1) \tag{1-17}$$

在假设 $y_i = y(x_i)$，即第 i 步计算是精确的前提下，考虑的截断误差 $R_i = y(x_i + 1) - y^i + 1$。

若某算法的局部截断误差为 $O(h_{p+1})$，则称该算法有 p 阶精度。

$$R_i = y(x_{i+1}) - y_{i+1} = \left[y(x_i) + hy'(x_i) + \frac{h^2}{2} y''(x_i) + O(h^3) \right] - \left[y_i + hf(x_i, y_i) \right]$$

$$= \frac{h^2}{2} y''(x_i) + O(h^3) \tag{1-18}$$

由公式 (1-18) 可知欧拉法具有 1 阶精度。

1.1.5　仿真机及仿真平台

仿真机是对系统进行计算机仿真的设备。根据系统实际设备、热力系统、电气系统和电力过程建立数学模型，并在电子计算机上运算。计算机通过 I/O 接口与物理效应设备——即集控室内各种监视、控制、报警和操作设备连接在一起，组成仿真机。图 1-3 所示为国内某 300MW 火电机组全范围仿真机。

图 1-3 300MW 火电机组全范围仿真机

仿真平台与仿真机概念类似，亦是根据系统实际设备、热力系统、电气系统和电力过程建立数学模型，并在计算机上运算。图 1-4 所示为作者研制的用于研究高功率的微波、机载/星载雷达、激光武器等其他电子设备高热流密度的散热问题的仿真平台，图 1-5 所示为作者研制的用于某型飞机 SOFC-MGT 混合 APU 性能及飞行状态评估研究用的仿真平台，图 1-6 所示为作者研制的国内第一套压缩空气储能系统仿真平台。

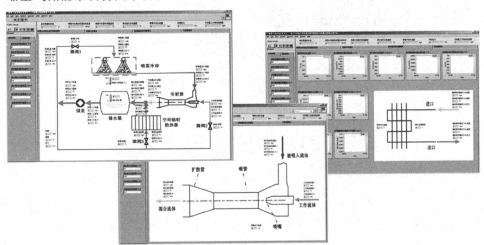

图 1-4 某热管理系统仿真平台

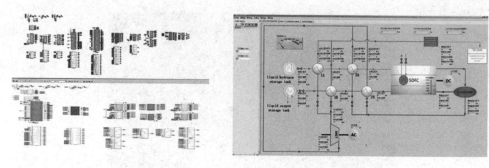

图 1-5　某 SOFC－MGT 混合 APU 性能及飞行状态评估仿真平台

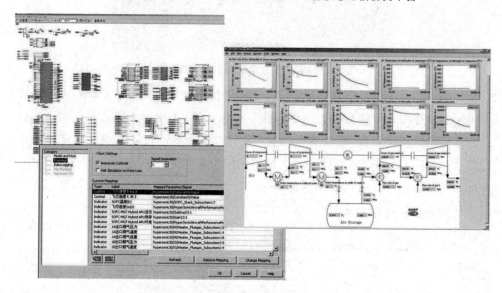

图 1-6　压缩空气储能系统仿真平台

1.2　仿真算法、模块概述

　　基于仿真平台建模具有图形界面直观、友好、方便控制调整相关参数等特点，基于平台建模具有建模简单明了、条理清晰、易于修改等优点。其基础是模型算法库，以所研究的能量系统常规部件、局部过程、基本算数运算和基本逻辑关系为基本单元，以能量、质量、动量平衡原理为基础，以欧拉差分方程为基础，严格按照物理机理建立的一种面向复杂能量系统热力系统、控制过程及电气系统的模块式算法库。

这些算法有通用算法和过程算法两大类。通用算法是完成基本算术或逻辑运算的算法，如加法器等；过程算法是针对特定过程中常规设备或部件而专门建立的算法，如燃料电池算法、换热器算法、过热器算法、泵/风机算法等。建模时只需对相关参数修改即可，必要时，可根据需要增加新的算法。

算法是设备数学模型对应的子程序，而模块则相当于各个不同的设备。模块包括三个部分：输入、输出和系数。输入部分表示其他模块送到该模块的信号（变量）、输出部分表示给模块的输出，系数部分表示该设备的特性参数或者过程的特性。在模型运行状态下，仿真支撑系统根据输入、系数和前一时刻的输出，通过调用算法计算当前时刻的输出（有一些程序没有用到前一时刻的输出，如SUM算法）。多个模块构成模型。典型的模块结构如图 1-7 所示。

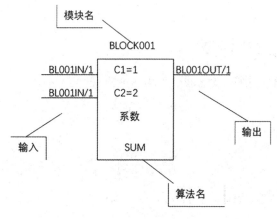

图 1-7　典型模块结构图

模块通过变量连接进行数据传递（在图形建模环境中也可以通过连线连接），如图 1-8 所示。

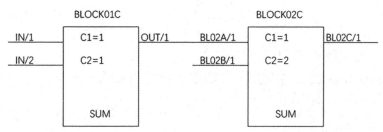

图 1-8　模块变量连接

模块的输入输出性质分为两种：数字量和模拟量。输入个数、输出个数、系数的个数以及每个输入输出的性质（数字量还是模拟量）都在程序中进行算法定义。对于已经定义好的算法，可以直接建立模块；对于新建立的算法，必须定义好输入个数、输出个数、系数的个数以及每个输入输出的性质之后才能建立模块。某一个算法的定义不能轻易改动，因为模块的输入输出个数、系数个数以及输入输出性质与定义是一一对应的。如果要改变现有模块定义，必须首先删除当前模块，修改定义后重新启动仿真系统，再重新建立模块。

1.3　典型算法及模型

本书根据作者多年科研经验，将不同能量系统中常见设备及过程模型梳理总结，供读者参考。

1.3.1　压气机模型

压气机出口温度计算：（压缩过程为多变过程）

$$PV^n = 常数 \tag{1-19}$$

由公式(1-19)可得

$$\frac{P_2}{P_1} = \left(\frac{V_1}{V_2}\right)^n \tag{1-20}$$

以 $PV = RT$ 代入上式，消去 V_1，V_2，则得

$$\frac{T_2}{T_1} = \left(\frac{p_2}{p_1}\right)^{\frac{n-1}{n}} \tag{1-21}$$

结合压气机效率计算式，压气机的出口温度为

$$T_{\text{out}} = T_{\text{in}} \cdot \left[1 + \frac{1}{\eta_c}(\beta_c^{\frac{k-1}{k}} - 1)\right] \tag{1-22}$$

式中，T_{in} ——压缩机进口空气温度，K；

　　　k ——比热比，k 采用进出口温度的平均值计算；

　　　η_c ——压气机效率；

　　　β_c ——压比。

压比 β_c 可以表达为

$$\beta_c = \frac{P_{c,\,\text{out}}}{P_{c,\,\text{in}}} \tag{1-23}$$

式中，$P_{c, out}$——压气机出口空气压力，MPa；

$P_{c, in}$——压气机进口空气压力，MPa。

压缩过程中压气机的功率可以表达为

$$P_c = m_{a, c} \frac{1}{\eta_c} \frac{n}{n-1} R_g T_{c, in} (\beta_c^{\frac{n-1}{n}} - 1) \tag{1-24}$$

压气机效率 η_c 可以表达为

$$\eta_c = \frac{0.91 - (\beta_c - 1)}{300} \tag{1-25}$$

式中，$m_{a, c}$——压气机进口空气流量，kg/s；

n——多变指数；

R_g——空气常数，287.06J/(kg·K)。

压气机是一个具有很强非线性的组件，因此，压气机的仿真模型需要考虑变工况下的工作特性，因此本书采用压气机稳态特性曲线图(图 1-9、图 1-10)来求解非稳态时的压气机特性。压气机的工作特性可由压比 π、折合流量 $\dot{m}^*$、折合转速 n^*，以及绝热效率 η 来表示。

折合流量 $\dot{m}^*$：

$$\dot{m}^* = \frac{q_m \sqrt{T}}{p} \tag{1-26}$$

折合转速 n^*：

$$n^* = \frac{n}{\sqrt{T}} \tag{1-27}$$

式中，q_m——压气机的空气质量流量，kg/s；

p——进气压力，kPa；

T——进气温度，K；

n——转速，r/min。

压气机绝热效率 η 和压比 π 是折合质量流量 $\dot{m}^*$ 和折合转速 n^* 的函数，即

$$\eta = f_1(\dot{m}^*, n^*) \tag{1-28}$$

$$\pi = f_2(\dot{m}^*, n^*) \tag{1-29}$$

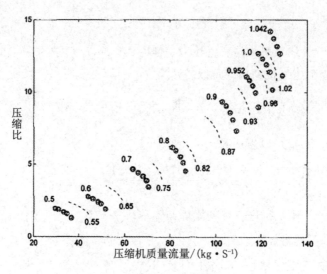

图 1-9　压气机特性曲线

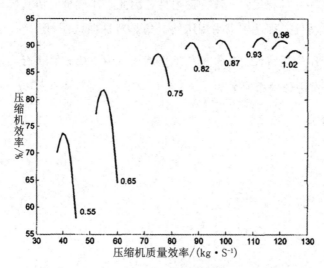

图 1-10　压气机效率特性曲线

根据通用特性曲线，只要知道压气机绝热效率 η 和压比 π 是折合质量流量 $\dot{m}^*$ 和折合转速 n^* 中的任意两个量，便可计算出其他两个量。

1.3.2　透平模型

透平出口空气温度满足

$$T_{t,\,out} = T_{t,\,in} \times \left[1 - \eta_t \left(1 - \beta_t^{\frac{k-1}{k}} \right) \right]$$

(1-30)

式中，$T_{t, in}$ ——透平进口空气温度，K；

k ——比热比，k 采用进出口温度的平均值计算；

η_t ——透平的效率。

膨胀比 β_t 可表达为

$$\beta_t = \frac{P_{t, in}}{P_{t, out}} \tag{1-31}$$

式中，$P_{t, out}$ ——透平出口空气压力，MPa；

$P_{t, in}$ ——透平进口空气压力，MPa。

透平效率 η_t 可以表达为

$$\eta_t = 0.9 - \frac{\beta_t - 1}{250} \tag{1-32}$$

放气释能发电过程的透平的功率可以表达为

$$P_t = m_{a, t} \frac{1}{\eta_t} \frac{n}{n-1} R_g T_{t, in} (\beta_t^{\frac{n-1}{n}} - 1) \tag{1-33}$$

式中，$m_{a, t}$ ——进入透平的空气流量，kg/s。

1.3.3　换热器模型

换热器效能 ε 用来计算换热器出口的空气温度，取值一般在 0.7～0.95 之间，其计算式为：

$$\varepsilon = \frac{C_{p1} m_1 (T_{in1} - T_{out1})}{(C_p m)_{min} (T_{in1} - T_{in2})} = \frac{C_{p2} m_2 (T_{out2} - T_{in2})}{(C_p m)_{min} (T_{in1} - T_{in2})} \tag{1-34}$$

式中，T_{in1} ——热流体进口温度，K；

T_{out1} ——热流体出口温度，K；

T_{in2} ——冷流体进口温度，K；

T_{out2} ——冷流体出口温度，K；

C_{p1} ——热流体定压比热，kJ/(kg·K)；

C_{p2} ——冷流体定压比热，kJ/(kg·K)；

m_1 ——热流体质量流量，kg/s；

m_2 ——冷流体质量流量，kg/s。

1.3.4 储气室(罐)模型

1.3.4.1 储气室充气阶段

储气室充气阶段温度变化与压力变化由质量守恒与能量守恒方程推导得出，依据质量守恒方程，储气室内的空气质量变化量为

$$\frac{\mathrm{d}m}{\mathrm{d}t} = \dot{m}_{in} \tag{1-35}$$

式中，$\dot{m}_{in}$——储气室进气流量，kg/s。

依据能量守恒，储气室内能量变化为

$$\frac{\mathrm{d}(mu)}{\mathrm{d}t} = \dot{m}_{in} h_{in} - \dot{Q} \tag{1-36}$$

上式可转化为

$$m \cdot \frac{\mathrm{d}u}{\mathrm{d}t} + u \cdot \frac{\mathrm{d}m}{\mathrm{d}t} = \dot{m}_{in} \cdot h_{in} - \dot{Q} \tag{1-37}$$

将公式(1-35)带入公式(1-37)可得

$$m \cdot \frac{\mathrm{d}u}{\mathrm{d}t} = \dot{m}_{in} \cdot h_{in} - \dot{Q} - u \cdot \dot{m}_{in} \tag{1-38}$$

将空气视为理想气体，因此热力学能变化可由下式计算：

$$\mathrm{d}u = C_v \cdot \mathrm{d}T \tag{1-39}$$

将(1-39)带入(1-38)，可得

$$m \cdot C_v \cdot \frac{\mathrm{d}T}{\mathrm{d}t} = \dot{m}_{in} \cdot h_{in} - \dot{Q} - u \cdot \dot{m}_{in} \tag{1-40}$$

经上式推导得出储气室内温度变化为

$$\frac{\mathrm{d}T}{\mathrm{d}t} = \frac{\dot{m}_{in} h_{in} - \dot{Q} - u\dot{m}_{in}}{mC_v} \tag{1-41}$$

式中，$\dot{m}_{in}$——储气室进气流量，kg/s；

h_{in}——进口空气焓值，kJ/kg；

$\dot{Q}$——储气室内空气向壁面传热量，kJ/s；

m——储气室空气质量，kg；

C_v——储气室定容比热容，kJ/(kg·K)；

T ——储气室温度，K。

储气室内部压力变化由理想气体状态方程计算得出，计算过程如下：

$$PV = mR_g T \tag{1-42}$$

将上式通分：

$$V\frac{\mathrm{d}p}{\mathrm{d}t} = mR_g \frac{\mathrm{d}T}{\mathrm{d}t} + R_g T\frac{\mathrm{d}m}{\mathrm{d}t} \tag{1-43}$$

由上式可得储气室压力变化：

$$\frac{\mathrm{d}p}{\mathrm{d}t} = \frac{mR_g}{V}\frac{\mathrm{d}T}{\mathrm{d}t} + \frac{R_g T}{V}\frac{\mathrm{d}m}{\mathrm{d}t} \tag{1-44}$$

式中，P ——储气室压气，kPa；

V ——储气室容积，m^3。

储气室内空气向壁面传热量 $\dot{Q}$ 计算，根据储气室壁面能量守恒：

$$m_w C_w \frac{\mathrm{d}T_w}{\mathrm{d}t} = A_{in} a_{in}(T - T_w) - A_{out} a_{out}(T_w - T_{amb}) \tag{1-45}$$

$$\dot{Q} = A_{in} a_{in}(T - T_w) \tag{1-46}$$

式中，m_w ——储气室质量，kg；

C_w ——储气室比热容，kJ/(kg·K)；

A_{in} ——储气室内壁面的面积，m^2；

a_{in} ——储气室壁面传热系数，W/(m^2·K)；

A_{out} ——储气室外壁面积，m^2；

a_{out} ——储气室外壁面传热系数，W/(m^2·K)；

T_w ——储气室壁面温度，K；

T_{amb} ——环境温度，K。

1.3.4.2 储气室放气阶段

储气室放气阶段储气室内温度变化与压力变化由质量守恒与能量守恒计算得出，计算结果如下。

依据质量守恒方程，储气室内的空气质量变化量为

$$\frac{\mathrm{d}m}{\mathrm{d}t} = -\dot{m}_{out} \tag{1-47}$$

依据能量守恒，储气室内能量变化为

$$\frac{\mathrm{d}(mu)}{\mathrm{d}t} = -\dot{m}_{\mathrm{out}}h_{\mathrm{out}} - \dot{Q} \tag{1-48}$$

上式可转化为

$$m \cdot \frac{\mathrm{d}u}{\mathrm{d}t} + u \cdot \frac{\mathrm{d}m}{\mathrm{d}t} = -\dot{m}_{\mathrm{out}} \cdot h_{\mathrm{out}} - \dot{Q} \tag{1-49}$$

将公式(1-47)带入公式(1-49)可得

$$m \cdot \frac{\mathrm{d}u}{\mathrm{d}t} = -\dot{m}_{\mathrm{out}} \cdot h_{\mathrm{out}} - \dot{Q} + u \cdot \dot{m}_{\mathrm{out}} \tag{1-50}$$

将空气视为理想气体，热力学能变化可由下式计算

$$\mathrm{d}u = C_v \cdot \mathrm{d}T \tag{1-51}$$

将式(1-51)带入式(1-50)中可以得出储气室内温度变化

$$\frac{\mathrm{d}T}{\mathrm{d}t} = \frac{-\dot{m}_{\mathrm{out}}h_{\mathrm{out}} - \dot{Q} + u\dot{m}_{\mathrm{out}}}{mC_v} \tag{1-52}$$

储气室压力变化由理想气体状态方程计算得出，计算过程如下

$$PV = mR_{\mathrm{g}}T \tag{1-53}$$

将上式通分

$$V\frac{\mathrm{d}p}{\mathrm{d}t} = mR_{\mathrm{g}}\frac{\mathrm{d}T}{\mathrm{d}t} + R_{\mathrm{g}}T\frac{\mathrm{d}m}{\mathrm{d}t} \tag{1-54}$$

储气室压力变化

$$\frac{\mathrm{d}p}{\mathrm{d}t} = \frac{mR_{\mathrm{g}}}{V}\frac{\mathrm{d}T}{\mathrm{d}t} - \frac{R_{\mathrm{g}}T\dot{m}_{\mathrm{out}}}{V} \tag{1-55}$$

式中，P——储气室压气，kPa；

V——储气室容积，m^3。

$\dot{Q}$ 根据室壁面能量守恒计算得出

$$m_{\mathrm{w}}C_{\mathrm{w}}\frac{\mathrm{d}T_{\mathrm{w}}}{\mathrm{d}t} = A_{\mathrm{in}}a_{\mathrm{in}}(T - T_{\mathrm{w}}) - A_{\mathrm{out}}a_{\mathrm{out}}(T_{\mathrm{w}} - T_{\mathrm{amb}}) \tag{1-56}$$

1.3.5　饱和器模型

饱和器内部压缩空气与饱和器内的热水逆流接触，饱和器结构如图 1-11 所示，高温水从饱和器顶部向下流经填料层，并与底部进入的压缩空气逆流接触。加湿过程中同时发生热量传递与质量传递，实现对压缩空气的加热与增湿。进入

气流的蒸发水的质量流量由界面水蒸气的浓度差决定，本书建立了以湿度差作为传质驱动力的一维模型，并将压缩空气的加湿过程在垂直方向上分为 N 段，图1-12 显示了饱和器中每个控制体积的热量和传质量。控制守恒方程可以如下。

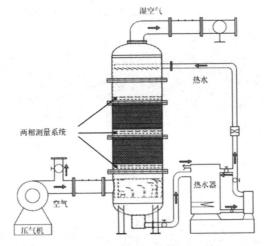

图 1-11　饱和器结构图

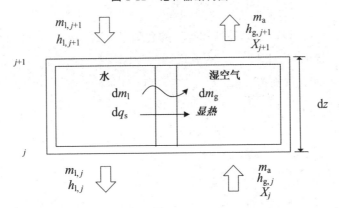

图 1-12　饱和器控制体积

微元段质量平衡：

$$dm_1 = dm_g \tag{1-57}$$

式中，dm_1 ——微元段内水的变化量；

dm_g ——微元段内水蒸气的变化量。

水蒸气的质量守恒：

$$m_a(X_{j+1} - X_j) = dm_g \tag{1-58}$$

式中，m_a ——空气流量，kg/s；

X_{j+1}——$j+1$ 段空气的含湿量；

X_j——j 段空气的含湿量。

液体侧能量守恒：

$$m_{1,j+1}h_{1,j+1} = m_{1,j}h_{1,j} + \mathrm{d}q_s + \mathrm{d}m_1 h_1(T_i) \tag{1-59}$$

式中，h_1——水的焓值，kJ/kg；

$\mathrm{d}q_s$——空气与水传递的热量，J/kg。

湿空气能量守恒：

$$m_a h_{g,j+1} = m_a h_{g,j} + \mathrm{d}q_s + \mathrm{d}m_g h_v(T_i) \tag{1-60}$$

式中，h_g——空气的焓值，kJ/kg。

整体能量守恒：

$$m_a h_{g,j} + m_{1,j+1}h_{1,j+1} = m_a h_{g,j+1} + m_{1,j}h_{1,j} \tag{1-61}$$

传质方程：

$$d_{mg} = k_h a(X_i + X)A\mathrm{d}z \tag{1-62}$$

式中，k_h——传质系数，kg/(m²·s)；

a——料比表面积；

X_i——微元段内水膜外饱和空气的含湿量，kg/kg；

A——截面积，m²；

$\mathrm{d}z$——微元段高度，m。

传热方程：

$$\mathrm{d}q_s = a\alpha(T_l - T_a)A\mathrm{d}z \tag{1-63}$$

式中，α——传热系数，W/(m²·K)；

T_l——水温，K；

T_a——空气温度，K。

1.3.6 流体流量计算模型

流体流量计算算法根据上流压力 P_1、下流压力 P_2 和两压力节点之间总的等价导纳 C 计算出流体流量，如图 1-13 所示。

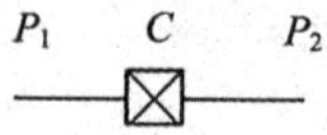

$$P_1 \quad C \quad P_2$$

图 1-13 流量计算示意图

流动阻力可以分为沿程阻力和局部阻力，阻力计算的公式相似。

沿程阻力为

$$\Delta P_\lambda = \lambda \frac{l}{d} \frac{w^2}{2} \rho \qquad (1\text{-}64)$$

局部阻力为

$$\Delta P_\xi = \xi \frac{l}{d} \frac{w^2}{2} \rho \qquad (1\text{-}65)$$

其中，λ——摩擦阻力系数；

　　　ξ——局部摩擦阻力系数；

　　　l——管子长度，m；

　　　d——管子内径，m；

　　　w——工质流速，m/s；

　　　ρ——工质密度，kg/m³。

将式(1-64)和式(1-65)合并为

$$\Delta P_t = (\lambda + \xi) \frac{l}{d} \frac{w^2}{2} \rho \qquad (1\text{-}66)$$

其中，

$$\Delta P_t = P_1 - P_2 \qquad (1\text{-}67)$$

将式(1-67)带入式(1-66)并变形可得：

$$P_1 - P_2 = (\lambda + \xi) \frac{l}{d} \frac{(\rho \cdot w)^2}{2 \cdot \rho} \qquad (1\text{-}68)$$

令：流量

$$W = \rho \cdot w \qquad (1\text{-}69)$$

导纳

$$C = \frac{d \cdot 2 \cdot \rho}{(\lambda + \xi) \cdot l} \qquad (1\text{-}70)$$

可得

$$W = (C(P_1 - P_2))^{1/2} \qquad (1\text{-}71)$$

流量也可用如下的准线性关系式表示

$$W = B(P_1 - P_2) \qquad (1\text{-}72)$$

两压力节点间的准线性导纳 B 可表示为：

$$B = \left(\frac{C}{P_1 - P_2} \right)^{1/2} \qquad (1\text{-}73)$$

注：准线性导纳 B 用于压力节点计算。

1.3.7　压力节点模型

压力节点算法根据输入流量、输出流量和前一时刻的压力值计算当前时刻的压力值，如图 1-14 所示。

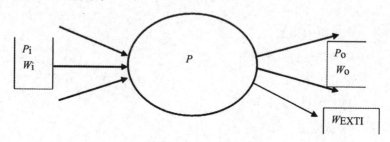

图 1-14　压力节点算法示意图

根据物理基本概念，压力是物质分子进行热运动形成的。对于体积一定的控制体而言，控制体内部流体质量越大，压力越高，内部流体质量越小，压力越低。也就是流体密度越大，压力越高。根据质量平衡关系，可以求得控制体内部质量变化率，由于假定控制体体积一定，所以控制体内部质量变化率与流体密度变化率呈正比。流体密度是压力和焓值的函数。根据多元函数的求导法则，密度变化率等于分别对压力求导和对焓值求导的结果之和。

进入控制体的流量可以表示为

$$B_i \cdot (P_i - P) \tag{1-74}$$

流出控制体的流量可以表示为

$$B_o \cdot (P - P_o) \tag{1-75}$$

根据质量平衡守则，单位时间内控制体内质量的变化等于流入流量、流出流量的代数和：

$$\frac{\mathrm{d}M}{\mathrm{d}t} = \sum B_i \cdot (P_i - P) - \sum B_o \cdot (P - P_o) + W_{exit} \tag{1-76}$$

其中，M——控制体内流体质量；

B_i，B_o——上游线性导纳、下游线性导纳；

P_i，P_o——上游压力、下游压力；

W_{exit}——微小流量。

由于控制体体积不变，控制体内部质量变化率可以表示为

$$\frac{\mathrm{d}M}{\mathrm{d}t} = V \cdot \frac{\mathrm{d}\rho}{\mathrm{d}t} \qquad (1\text{-}77)$$

其中，V——控制体体积；

ρ——控制体内流体密度。

流体密度 ρ 可以认为是流体压力 P 和流体焓值 H 的函数，即

$$\rho = f(P, H) \qquad (1\text{-}78)$$

由多元函数的求导法则可以求出密度变化率与压力变化率之间的关系。

高等数学中多元函数的求导法则为：设二元函数 $Z = f(x, y)$，$x = x(t)$，$y = y(t)$，

则

$$\frac{\mathrm{d}Z}{\mathrm{d}t} = \frac{\partial Z}{\mathrm{d}x} \cdot \frac{\mathrm{d}x}{\mathrm{d}t} + \frac{\partial Z}{\mathrm{d}y} \cdot \frac{\mathrm{d}y}{\mathrm{d}t} \qquad (1\text{-}79)$$

将公式(1-79)应用到公式(1-78)中，可得

$$\frac{\mathrm{d}\rho}{\mathrm{d}t} = \frac{\partial \rho}{\mathrm{d}P} \cdot \frac{\mathrm{d}P}{\mathrm{d}t} + \frac{\partial \rho}{\mathrm{d}H} \cdot \frac{\mathrm{d}H}{\mathrm{d}t} \qquad (1\text{-}80)$$

为简单起见，假定控制体内部焓值不变化，即

$$\frac{\mathrm{d}H}{\mathrm{d}t} = 0 \qquad (1\text{-}81)$$

将上述公式合并可得，并采用欧拉法：

$$V \cdot \frac{\partial \rho}{\mathrm{d}P} \cdot \frac{P - P'}{\mathrm{d}t} = \sum B_i \cdot (P_i - P) - \sum B_o \cdot (P - P_o) + W_{\text{exit}} \qquad (1\text{-}82)$$

整理后可得：

$$P = \frac{\alpha \cdot P' + \sum B_i \cdot P_i + \sum B_o \cdot P_o + W_{\text{exit}}}{\alpha + \sum B_i + \sum B_o} \qquad (1\text{-}83)$$

其中，P'——前一时刻压力；

K——压力节点压缩性系数。

$$K = V \cdot \frac{\partial \rho}{\mathrm{d}P} \qquad (1\text{-}84)$$

$$\alpha = \frac{V \cdot \dfrac{\partial \rho}{\mathrm{d}P}}{\mathrm{d}t} \qquad (1\text{-}85)$$

1.3.8 离心式泵/风机模型

根据泵的上游压力、下游压力、泵转速和泵的导纳可以计算泵的流量，如图 1-15 所示。

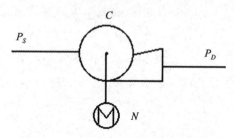

图 1-15 离心式泵流量计算示意图

根据相似定律，泵任意转速 N 时的全压 P_T 满足如下关系：

$$P_T = P_{T0} \cdot N^2 \tag{1-86}$$

泵的流量计算如下：

$$W = C \cdot (P_S + P_T - P_D)^{1/2} \tag{1-87}$$

其中，P_T ——泵的全压；

P_{T0} ——泵的最大扬程；

N ——泵的转速；

W ——泵的流量；

C ——泵的导纳；

P_S ——泵的上游压力；

P_D ——泵的下游压力。

泵的算法除流量计算外，还有功率计算、喘振计算、性能降低等计算公式，在此不再赘述。

1.3.9 对流换热模型

下面以单相介质换热器为例介绍换热计算。其换热模型如图 1-16 所示。

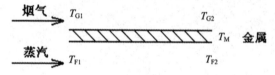

图 1-16 单相介质换热器换热计算示意图

烟气流经换热器，放出热量，温度由 T_{G1} 下降到 T_{G2}。蒸汽流经金属表面，温度由 T_{F1} 升至 T_{F2}。若将能量守恒方程分别应用于烟气、金属和蒸汽，列出温度（焓值）变化的微分方程式，采用隐式欧拉法进行差分，就可以得到烟气温度、金属温度和蒸汽焓值的计算公式。

对于烟气（假定换热器内烟气温度等于烟气出口温度）：

$$M_G \cdot C_{PG} \cdot \frac{\mathrm{d}T_{G2}}{\mathrm{d}t} = W_G \cdot C_{PG} \cdot T_{G1} - W_G \cdot C_{PG} \cdot T_{G2}$$
$$- \alpha_G \cdot (\frac{T_{G1} + T_{G2}}{2} - T_M) - Q_{LOSS} \tag{1-88}$$

采用隐式欧拉法可得烟气出口温度计算式：

$$T_{G2} = T'_{G2} + \cfrac{W_G \cdot C_{PG} \cdot (T_{G1} - T'_{G2}) - \alpha_G \cdot (\frac{T_{G1} + T'_{G2}}{2} - T_M) - Q_{LOSS}}{\frac{M_G \cdot C_{PG}}{\mathrm{d}t} + W_G \cdot C_{PG} + \frac{\alpha_G}{2}}$$
$$\tag{1-89}$$

其中，T_{G1}——烟气进口温度；

T_{G2}，T'_{G2}——当前时刻烟气出口温度、前一时刻烟气出口温度；

M_G——换热器内烟气质量；

C_{PG}——换热器内烟气比热；

W_G——烟气流量；

α_G——烟气对流换热系数。

对于金属：

$$M_M \cdot C_{PM} \frac{\mathrm{d}T_M}{\mathrm{d}t} = Q_G - Q_F + Q_{ext} \tag{1-90}$$

$$Q_G = \alpha_G \cdot (\frac{T_{G1} + T_{G2}}{2} - T_M) \tag{1-91}$$

$$Q_F = \alpha_F \cdot (T_M - \frac{T_{F1} + T_{F2}}{2}) \tag{1-92}$$

其中，M_M——金属质量；

C_{PM}——金属比热容；

Q_G——烟气放热量；

Q_F——蒸汽吸热量；

Q_{ext}——额外换热量；

α_F——蒸汽侧对流换热系数;

T_{F1},T_{F2}——蒸汽进出口温度。

由公式(1-90)(1-91)(1-92)可得金属温度计算公式:

$$T_M = T'_M + \frac{Q_G - Q_F + Q_{ext}}{M_M \cdot dt}$$

对于蒸汽:

$$M_F \cdot C_{PF} \frac{dT_{F2}}{dt} = W_F \cdot C_{PF} \cdot T_{F1} - W_F \cdot C_{PF} \cdot T_{F2} + \alpha_F \cdot (T_M - \frac{T_{F1} + T_{F2}}{2})$$

(1-93)

$$T_{F2} = \frac{\frac{M_F \cdot C_{PF}}{dt} \cdot T'_{F2} + W_F \cdot C_{PF} \cdot T_{F1} + \alpha_F \cdot T_M - 0.5 \cdot \alpha_F \cdot T_{F1}}{\frac{M_F \cdot C_{PF}}{dt} + W_F \cdot C_{PF} + 0.5 \cdot \alpha_F}$$

(1-94)

其中,M_F——换热器内蒸汽质量;

C_{PF}——蒸汽比热;

T_{F2}——蒸汽出口温度;

dt——计算时间步距;

W_F——蒸汽流量;

T_{F1}——蒸汽进口温度;

α_F——蒸汽对流放热系数;

T_M——金属温度;

T_{F2}'——前一时刻蒸汽出口温度。

实际算法中是首先计算蒸汽的出口焓值,再由压力和焓值求得蒸汽温度的。这样做的原因是蒸汽的比热随温度不同而变化,直接使用焓值计算更方便一些。

1.3.10 辐射换热模型

辐射换热集中表现在炉膛烟气和水冷壁之间的换热,将辐射换热模型简化为气体-黑壁面模型。假定烟气是由具有辐射和吸收能力的三原子气体 CO_2 和 H_2O 组成,水冷壁壁面为黑体,能完全吸收气体辐射到壁面的热量。根据传热学中的气体辐射理论,气体与壁面的换热量为

$$q_F = \sigma \cdot (\varepsilon_g T_g^4 - \alpha_g T_w^4)$$

(1-95)

其中，q_F——单位面积的辐射换热量；

σ——辐射换热常数；

ε_g——气体的黑度；

a_g——气体的吸收率；

T_g——烟气温度；

T_w——水冷壁温度。

气体的黑度和气体的吸收率的计算比较复杂，在炉膛辐射换热算法很大一部分程序用于计算它们，具体计算方法不再赘述。此外炉膛辐射换热算法采用零维模型(集总参数法)，这种简化模型在煤粉燃烧的情况下适用性好，在锅炉启动初期，使用燃油燃烧的条件下适用性并不好，需要进行修正(人为地增大水冷壁辐射换热系数)。

1.3.11 燃烧室模型

燃烧室的动态模型如下：

$$\frac{\partial (mU)}{\partial t} = \dot{m}_{air,\,in} h_{air,\,in} + \dot{m}_{fuel,\,in}(h_{fuel,\,in} + \eta_b LHV) - (\dot{m}_{air,\,in} + \dot{m}_{fuel,\,in}) h_{oout}$$

(1-96)

其中，η_b 为燃烧效率，LHV 为燃料的地位发热量。

忽略燃烧室室内的物质能量积聚及对外散热损失，燃烧室室内的燃烧过程可被看做稳态过程。

$$(\dot{m}_{air,\,in} + \dot{m}_{fuel,\,in}) h_{oout} = \dot{m}_{air,\,in} h_{air,\,in} + \dot{m}_{fuel,\,in}(h_{fuel,\,in} + \eta_b LHV) \quad (1-97)$$

1.3.12 喷雾冷却模型

由于喷雾冷却过程的复杂性、多变性、一定程度上的随机性，以及众多影响因素间的相互耦合，任何一个参数的改变都会引起其他参数的变化，使其无论在基础理论还是实验技术上都还没有像常规的导热、单相对流和热辐射那样成熟。喷雾冷却过程涉及到热力学、传热学和复杂的多相流体力学，使得定量的纯解析研究很难进行。可以说，直到现在，国内外的绝大多数学者对喷雾冷却的研究仍以实验为主，根据对现象本身的理解，建立过程的物理和数学模型，通过实验确定经验常数，发展半经验半理论的计算公式。

本书分别基于对现象本身的理解和相关实验数据的整理，建立两类喷雾冷却过程的数学模型：①半经验半理论的喷雾冷却数学模型；②纯实验数据回归的喷雾冷却数学模型。

1.3.12.1　半经验半理论的喷雾冷却过程模型

喷雾冷却模型中所描述的物理现象如图 1-17 所示。液态工质经过喷嘴后雾化，形成高速的微小液滴。液滴击打在加热表面上，并与之换热。液滴击打表面后，一部分附着在表面上形成液膜，其余的与表面碰撞后弹开。液膜冲刷表面，并与表面换热。在表面过热的情况下，液膜中将会出现沸腾气泡。其中，一部分沸腾气泡的成核中心出现在换热表面上，称之为"表面成核气泡"；另一部分气泡的成核中心是液滴进入液膜时所携带的气（汽）态介质微层，称之为"二次成核气泡"。随着沸腾气泡吸收热量，气泡的体积逐渐变大。同时，气泡受到浮力和液膜推动力的共同作用，在液膜中运动，并最终离开液膜。

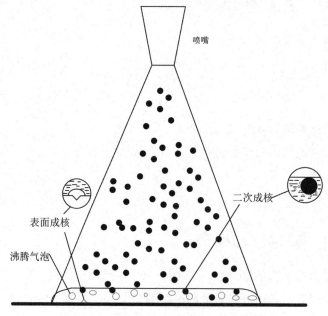

图 1-17　喷雾冷却中的物理现象示意图

上述现象可通过四种换热机制描述喷雾冷却中的换热过程(图 1-18)。其分别是：液滴击打表面换热($\sum \dot{Q}_{\mathrm{drop}}$)(包括液滴与液膜之间的换热和液滴与加热表面之间的换热)、液膜流动冲刷表面换热($\dot{Q}_{\mathrm{film}}$)、沸腾气泡换热($\sum \dot{Q}_{\mathrm{bub}}$)(包括表面成核气泡换热和二次成核气泡换热)以及系统向环境的散热($\dot{Q}_{\mathrm{envi}}$)。因此，描述喷雾冷却系统中换热的方程如下。

$$\dot{Q}_{sp} = \dot{Q}_{film} + \dot{Q}_{envi} + \sum \dot{Q}_{bub} + \sum \dot{Q}_{drop} \tag{1-98}$$

式中，$\dot{Q}_{sp}$ 为换热面总的散热量。

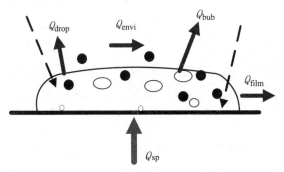

图 1-18　喷雾冷却的换热机理示意图

以下分别从这四个方面讨论喷雾冷却模型的换热机理。

1. 液膜流动冲刷表面换热（$\dot{Q}_{film}$）

喷雾冷却过程中，一部分液滴在击打表面后，没有汽化的液滴留在加热表面，汇聚在一起，形成了表面上的液膜。液膜以某一速度流过加热表面，这就是液膜流动冲刷表面换热现象。

液膜的厚度一般在 $100 \sim 200 \mu m$ 之间。通常只有使用光学实验的测量手段，才能对这个厚度量级的透明薄膜进行厚度测量。然而，在喷雾冷却过程中，液膜是由击打在表面上的液滴破碎之后形成的，液膜的内部由于液滴的击打存在着很大的扰动。这种扰动会给光学测量带来极大的误差。目前还没有公开发表的文献给出喷雾冷却液膜厚度测量的方法。

根据流体力学理论，得到描述液膜运动的质量守恒方程和动量方程如下：

$$\frac{d(l_{film})}{d\tau} = l_{film} \frac{du_{film,i}}{dx_i} + \frac{\dot{m}_{in}}{\rho A_{film}} \tag{1-99}$$

$$\frac{d(u_{film,i} l_{film})}{d\tau} = u_{film,i} l_{film} \frac{du_{film,i}}{dx_i} + \frac{\dot{m}_{in} u_{in,i}}{\rho A_{film}} \tag{1-100}$$

联立求解上式，可以得到液膜的运动速度和液膜厚度。上式中存在着两个源项，一个是质量源项 $\dot{m}_{in}$，表示单位时间内附着在表面上的液体质量；另一个是速度源项 $u_{in,i}$，表示液滴破碎后的速度。

首先确定质量源项 $\dot{m}_{in}$。王晓墨等[1]进行了液滴碰撞实验，结果表明：当液滴的 Sommerfled 数在 3～57.7 之间时，液滴在接触表面后将会附着在表面。因此，分析每个液滴的 Sommerfled 数，可以确定哪些液滴将会留在表面，从而得到了上式中的质量源项 $\dot{m}_{in}$ 值。

另一个需要确定的是速度源项 $u_{in,i}$，Wachters 和 Westerling[2]研究了液滴击打表面后的速度损失，通过无量纲数 η 和表示液滴击打表面后速度与液滴击打表面前速度的比值。结果表明：η 是液滴 We 数的函数，表示如下：

$$\eta = \sqrt{1 - 0.163 We_n^{0.3913}} \qquad (1\text{-}101)$$

We 数是液滴撞壁前速度和物性的参数，因此，只要确定了液滴撞壁前的速度，就可以得到速度源项 $u_{in,i}$。

在得到了液膜的厚度和速度分布之后，液膜冲刷表面换热量可以通过经验关系式表示：

$$\dot{Q}_{film} = \frac{\lambda_{film}}{l_{film}} Nu_{film} \times A_{film}(T_w - T_{film}) \qquad (1\text{-}102)$$

式中，Nu_{film} 为液膜的努塞尔数，其经验关联式如下：

$$Nu_{film} = 0.322 Re_{film}^{\frac{1}{2}} \cdot Pr_{film}^{\frac{1}{3}} \qquad (1\text{-}103)$$

液膜雷诺数计算公式为

$$Re_{film} = \frac{\rho_{film} u_{film} l_{film}}{\mu_{film}} \qquad (1\text{-}104)$$

其中，T_w ——加热表面平均温度，℃；

T_{film} ——液膜温度，℃；

ρ_{film} ——液膜密度，kg/m³；

Pr_{film} ——液膜的普朗特数；

μ_{film} ——液膜的动力粘度，Pa·s；

λ_{film} ——液膜的导热系数，W/m·K。

[1] 王晓墨，黄素逸，龙妍. 波形板分离器中液滴二次携带碰壁模型[J]. 华中师范大学学报(自然科学版)，2003.31(8)：41-43.

[2] Wachters LHJ，Westerling. The heat transfer fran a hot wall to impinging water drops in the spheroidal state[J]. Chemical engineering seiance，1966，21(11)：1047-1056.

2. 环境换热量 $\dot{Q}_{\text{envi}}$

环境换热量包括两部分：一部分是封闭腔内气(汽)态介质与液膜表面的对流换热，另一部分是加热表面的辐射换热。

$$\dot{Q}_{\text{envi}} = \dot{Q}_{\text{conv}, g} + \dot{Q}_{\text{rad}} \tag{1-105}$$

(1)气(汽)态介质对流换热量 $\dot{Q}_{\text{conv}, g}$：

$$\dot{Q}_{\text{conv}, g} = h_g \left[A_{\text{film}} (T_{\text{film}} - T_{\text{envi}}) + (A_w - A_{\text{film}})(T_w - T_{\text{envi}}) \right] \tag{1-106}$$

其中，气(汽)态介质对流换热系数

$$h_g = \frac{\lambda_g}{l_{\text{film}}} 0.332 Re_g^{\frac{1}{2}} Pr_g^{\frac{1}{3}} \tag{1-107}$$

气(汽)态介质的雷诺数

$$Re_g = \frac{\rho_g |u_g - u_{\text{film}}| L_w}{\mu_g} \tag{1-108}$$

(2)加热表面辐射换热量 $\dot{Q}_{\text{rad}}$：

$$\dot{Q}_{\text{rad}} = \varepsilon_w \sigma A_w \left[(T_w + 273)^4 - (T_{\text{envi}} + 273)^4 \right] \tag{1-109}$$

其中，L_w——加热表面特征长度，即加热圆盘半径，由模型确定，m；

A_w——加热表面面积，m^2；

u_g——气(汽)态介质速度，$|u_g - u_{\text{film}}|$ 表示气液的相对速度，m/s；

ε_w——加热表面发射率；

σ——玻尔兹曼常数，5.67×10^{-8}；

λ_g——气(汽)态介质的导热系数，W/m·K；

Pr_g——气(汽)态介质的普朗特数；

ρ_g——气(汽)态介质密度，kg/m^3；

μ_g——气(汽)态介质动力粘度，Pa·s；

其他参数与液膜流动换热中提到的意义相同。

3. 沸腾气泡换热量

沸腾气泡换热量 $\sum \dot{Q}_{\text{bub}}$ 可分为两部分：表面成核气泡换热量 $\sum \dot{Q}_{\text{bub}, 1}$ 和二次成核气泡换热量 $\sum \dot{Q}_{\text{bub}, 2}$。

(1)表面成核气泡换热量模型 $\dot{Q}_{\text{bub}, 1}$

在表面过热的情况下，加热表面上会出现一些气泡成核点，成核点吸收热量，形成表面成核气泡。根据 Basu 等[①]人的实验结果，换热表面的成核点数量可以表示为

$$N = 0.34 \left[1 - \cos(\varphi_s)\right] \left(T_w - T_{sat}\right)^2, \quad \left(T_w - T_{sat}\right) < 15℃ \quad (1\text{-}110)$$

$$N = 3.4 \times 10^{-5} \left[1 - \cos(\varphi_s)\right] \left(T_w - T_{sat}\right)^{5.3}, \quad \left(T_w - T_{sat}\right) > 15℃$$

$$(1\text{-}111)$$

对单个气泡而言，气泡首先出现在成核点上，随后吸热长大。假定气泡一半是球型的，其生长速度是时间 t 的幂函数。Rini 等[②]通过实验研究给出了气泡直径的变化速度

$$d_{bub} = 0.0101\sqrt{t} \quad (1\text{-}112)$$

单个气泡在液膜中的换热量，如下

$$\dot{Q}_{bub} = \Delta h_{fg} \cdot \left(\frac{\mathrm{d}m_{bub}}{\mathrm{d}t}\right) \quad (1\text{-}113)$$

其中，$m_{bub} = \rho_g V_g = \rho_g \dfrac{4}{3}\pi \cdot \dfrac{1}{8} d_{bub}^3 = \dfrac{\pi}{6}\rho_g d_{bub}^3$

$$\dot{Q}_{bub} = \frac{0.0101^3 \pi}{4}\rho_g \Delta h_{fg} \cdot \sqrt{t} = 0.81 \times 10^{-6}\rho_g \Delta h_{fg} \cdot \sqrt{t} \quad (1\text{-}114)$$

$$\dot{Q}_{bub,1} = N\dot{Q}_{bub} = 0.81 \times 10^{-6} N\rho_g \Delta h_{fg} \cdot \sqrt{t} \quad (1\text{-}115)$$

其中，t ——气泡成长所需时间，s；

$\quad\varphi_s$ ——汽泡和表面的静态接触角，rad；

$\quad T_{sat}$ ——封闭腔内压力对应下的饱和温度，℃；

$\quad\rho_g$ ——水蒸汽在对应压力下的密度，kg/m³；

$\quad\Delta h_{fg}$ ——水的汽化潜热，kg/m³；

其他参数与以上提到的意义相同。

(2)二次成核气泡换热量模型 $\dot{Q}_{bub,2}$

二次成核气泡的成核中心是液滴通过液膜时留下的微小气泡。单个液滴携带的成核中心数量由液滴体积、液滴速度和黏性系数等参数决定。然而，液滴进入

①　Basu N，Wariev GR，Dhir VK. Onset of nucleate boiling and active nucleation site density during subcooled flow boiling[J]. Journal of heat transfer，2022，124(4)：717-728.

②　Chen RH，Tan DS，Rini DP，et al*. Droplet and bubble dynamics in saturated FC-72 spray cooling on a smooth snrface(Article)[J]. Journal of heat transfer，2008，130(10)：101501(1-9).

液膜时，液膜的表面情况具有一定的随机性，这也使得单个液滴携带的成核中心数量具有一定的随机性。目前，还没有公开发表的文献对这一随机性进行定量的研究。

Rini 等[①]将喷雾冷却中的成核密度和池内沸腾中的成核密度进行比较，发现两者的气泡生长过程很相似。因此，常用描述池内沸腾气泡换热模型来描述喷雾冷却气泡成长过程。喷雾冷却中的成核密度要远远大于池内沸腾时的成核密度，并且喷雾冷却中气泡存在的生命周期要比池内沸腾小一个数量级左右。他们认为这与液滴冲击加热表面所造成的二次成核有关。喷雾冷却沸腾换热中 38% ~ 49% 的换热是由表面沸腾换热造成，其余散热主要是由于二次成核造成的。

计算二次成核换热时，由于它占总比例的 51% ~ 62%，取中值 56.5%，则二次成核是表面成核换热量的 1.3 倍。因此，沸腾气泡换热总量可表示为

$$\sum \dot{Q}_{bub} = \dot{Q}_{bub,1} + \dot{Q}_{bub,2} = 1.863 N \rho_{gas} \Delta h_{fg} \cdot \sqrt{t} \tag{1-116}$$

4. 液滴击打表面换热

液滴击打表面的换热 $\sum \dot{Q}_{drop}$ 可以分为两部分，其中一部分是液滴穿过液膜时与液膜的换热量 $\sum \dot{Q}_{drop,1}$，另一部分是液滴击打在加热表面时的换热量 $\sum \dot{Q}_{drop,2}$。假设液滴是球形颗粒，液膜是黏性液体，则液滴击打表面的换热量可以表示为

$$\sum \dot{Q}_{drop} = \sum \dot{Q}_{drop,1} + \sum \dot{Q}_{drop,2} \tag{1-117}$$

①液滴与液膜的换热量数学模型

$$\dot{Q}_{drop,1} = \frac{\lambda_{film}}{l_{film}} Nu_{drop} \times A_{drop} (T_{film} - T_{drop}) \tag{1-118}$$

其中，$A_{drop} = \pi d_{drop}^2$——液滴的表面积，$m^2$；

T_{drop}——液滴温度，℃；

T_{film}——液膜温度，℃；

Nu_{drop}——液滴与液膜换热的努赛尔数。

相关研究的实验结果表明，液滴的努赛尔数可以表示为

---

① Chen RH，Tan DS，Rini DP，et al*. Droplet and bubble dynamics in saturated FC-72 spray cooling on a smooth snrface(Article)[J]. Journal of heat transfer，2008，130(10)：101501(1-9).

$$Nu_{drop} = 2 + (0.4Re_{drop}^{\frac{1}{2}} + 0.06Re_{drop}^{\frac{1}{2}}) \tag{1-119}$$

式中，Re_{drop} 是液滴的雷诺数，定义如下：

$$Re_{drop} = \frac{\rho_{drop} u_{drop, n} d_{drop}}{\mu_{drop}} \tag{1-120}$$

其中，d_{drop} ——液滴直径，m；

$\quad\quad u_{drop, n}$ ——液滴垂直于加热表面的速度分量，m/s；

$\quad\quad \mu_{drop}$ ——液滴的动力黏度，Pa·s；

$\quad\quad \rho_{drop}$ ——液滴的密度，kg/m³。

②液滴与加热表面接触换热量数学模型

对于单个液滴而言，液滴击打表面过程中的换热量可以用一个换热效果因子表示，该换热效果因子表示实际换热量和理论最大换热量之间的比值，其定义如下：

$$\eta_1 = \frac{\dot{Q}_{drop, 2}}{\dot{Q}_{d2, m}} \tag{1-121}$$

其中，$\dot{Q}_{d2, m}$ 为最大理论换热量，$\dot{Q}_{drop, 2}$ 是液滴和加热表面之间的实际换热量。

$$\dot{Q}_{drop, 2} = q_m [\Delta h_{fg} + c_{p, l}(T_{sat} - T_{liq}) + c_{p, v}(T_w - T_{sat})] , T_w > T_{sat} \tag{1-122a}$$

$$\dot{Q}_{drop, 2} = q_m [c_{p, l}(T_w - T_{liq})] , T_w \leqslant T_{sat} \tag{1-122b}$$

最终可获得 $\dot{Q}_{drop, 2} = \eta_1 \dot{Q}_{d2, m}$

其中，q_m ——单个液滴的质量流量，kg/s；

$\quad\quad c_{p, l}$ ——液滴的定压比热容，J/kg·K；

$\quad\quad c_{p, v}$ ——液滴气化后蒸汽的定压比热容，J/kg·K；

$\quad\quad \Delta h_{fg}$ ——液滴的汽化潜热，J/kg；

$\quad\quad T_w$ ——加热表面温度，℃；

$\quad\quad T_{sat}$ ——液滴的饱和温度，℃。

换热效果因子 η_1 受到诸多因素的影响，其中包括表面材料、液滴击打表面的频率、液滴击打表面的角度等。然而，在这些因素当中，液滴 We 数被认为是具有决定性的影响。液滴的 We 数是一个表示液滴动能和表面能比值的无量纲数，其定义如下

$$We_n = \frac{\rho_{\text{drop}} u_{\text{drop}, n}^2 d_{\text{drop}}}{\sigma_{\text{drop}}}$$

下标 drop 表示液滴，ρ_{drop}、$u_{\text{drop}, n}$、d_{drop}、σ_{drop} 分别是液滴密度、垂直于加热表面方向的液滴速度分量、液滴直径和表面张力。

McGIImis[1] 等均通过实验方法研究了液滴击打表面的换热量，并分析了换热效果因子和液滴 We 数之间的关系。Issa[2] 等总结了前人的工作，得到了换热效果因子和液滴 We 数之间的关联式：$\eta_1 = 9.844 \times 10^{-2} We_n^{0.3428}$，最后，即可得到液滴击打表面换热量 $\sum \dot{Q}_{\text{drop}}$，即

$$\sum \dot{Q}_{\text{drop}} = C_1 \dot{Q}_{\text{drop}, 1} + C_2 \dot{Q}_{\text{drop}, 2} \tag{1-123}$$

其中，C_1 指落在液膜上的液滴数；C_2 指落在发热面上的液滴数。

液滴击打表面换热量的计算过程中，液滴击打的数量对换热量的影响很大。液滴数目的获取往往需要借助实验仪器才能获得。在缺乏实验条件的情况下，只能通过已有的实验结果及其关联式，进行理论化、标准化分析。

1.3.12.2 纯实验数据回归的喷雾冷却过程数学模型

国内外很多学者针对喷雾冷却过程做了大量的实验，并根据实验数据回归得到了喷雾冷却过程实验关联式，所述实验关联式可以较好的描述水作为介质的单相换热过程、核态沸腾、临界热流密度状态的喷雾冷却过程，并以此建模。

喷雾冷却单相换热过程实验关联式如下：

$$\frac{q''}{T_s - T_i} \cdot \frac{d_{32}}{k_f} = 4.7 Re_{d_{32}}^{0.61} Pr_f^{0.32} \tag{1-124}$$

其中，q''——喷雾冷却换热表面的热流密度，W/cm^2；

d_{32}——沙德(Sauter)直径，m；

T_s——换热表面温度，℃；

T_i——喷嘴进口水温度，℃；

k_f——水的热导率，W/(m·K)；

---

[1] McGinnis III F K，Holman J P. Individual droplet heat-transfer rates for splattering on hot surfaces [J]. International Journal of heat and mass transfer，1969，12(1)：95-108.

[2] Issa R J，Yao S C. Numerical model for spray-wall impaction and heat transfer at atmospheric conditions[J]. Journal of Thermophysics and Heat Transfer，2005，19(4)：441-447.

$Re_{d_{32}}$——沙德平均直径的雷诺数；

Pr_f——水的普朗特数；

沙德平均直径的雷诺数可以按下式计算：

$$Re_{d_{32}} = \frac{\rho_f \overline{Q''} d_{32}}{\mu_f} \tag{1-125}$$

喷雾冷却核态沸腾换热过程实验关联式如下：

$$\frac{q'' d_{32}}{\mu_f h_{fg}} = 4.79 \times 10^{-3} \left(\frac{\rho_f}{\rho_g}\right)^{2.5} \left(\frac{\rho_f Q''^2 d_{32}}{\sigma}\right)^{0.35} \left(\frac{c_{p,f}(T_s - T_f)}{h_{fg}}\right)^{5.75} \tag{1-126}$$

其中，q''——喷雾冷却换热表面的热流密度，W/cm^2；

d_{32}——沙德（Sauter）直径，m；

μ_f——水的动力粘度，$Pa \cdot s$；

h_{fg}——水的汽化潜热，J/kg；

ρ_f——水的密度，kg/m^3；

ρ_g——蒸汽的密度，kg/m^3；

Q''——喷雾流体的体积通量；

σ——水的表面张力，N/m；

c_{pf}——水的比热，$J/(kg \cdot K)$；

T_s——换热表面温度，℃；

T_f——换热表面液体的温度，℃；

沙德直径可以由下式计算：

$$\frac{d_{32}}{d_0} = 3.67 \left[We_{d_0}^{0.5} \cdot Re_{d_0}\right]^{-0.259} \tag{1-127}$$

其中，We_{d_0} 表达为

$$We_{d_0} = \frac{\rho_g (2\Delta P/\rho_f)^{0.5} d_0}{\sigma} \tag{1-128}$$

Re_{d_0} 表达为

$$Re_{d_0} = \frac{\rho_f (2\Delta P/\rho_f)^{0.5} d_0}{\mu_f} \tag{1-129}$$

其中，ΔP——喷嘴前后的压差，kPa；其他参数意义同上。

1.3.12.3 喷雾冷却模块动态数学模型

喷雾冷却模块存在如下物质、能量平衡关系：

$$\frac{\partial m}{\partial t} = \dot{m}_{sp,\ in} - \dot{m}_{sp,\ out} \tag{1-130}$$

$$\frac{\partial (mh)}{\partial t} = \dot{Q}_{sp} + \dot{m}_{sp,\ in} h_{sp,\ in} - \dot{m}_{sp,\ out} h_{sp,\ out} \tag{1-131}$$

其中，$\dot{m}_{sp.in}$——进入喷雾腔的工质的质量流量，kg/s；

$\dot{m}_{sp.out}$——流出喷雾腔的工质的质量流量，kg/s；

$\dot{Q}_{sp}$——喷雾冷却过程的散热量，W。

如果考虑喷雾冷却过程换热面的蓄热过程，换热面蓄热过程的动态数学模型可以表达为

$$C_{metal,\ sp} \cdot M_{metal,\ sp} \cdot \frac{dT}{dt} = \dot{Q}_{load} - \dot{Q}_{sp} \tag{1-132}$$

其中，$C_{metal,\ sp}$——换热面金属的比热容，J/(kg·k)；

$M_{metal,\ sp}$——换热面金属的质量，kg；

$\dot{Q}_{load}$——换热面的吸热量，W。

$\dot{Q}_{sp}$——喷雾冷却的散热量，W。

1.3.13　空间辐射散热器模型

空间辐射散热器(space radiator)是卫星或载人航天器热控分系统中最重要的部件之一，担负着向空间排散废热的任务。在航天器的热控系统中，空间辐射散热器质量通常占整个系统质量的 50%～60% 左右。因此，高效的辐射散热器对航天器热控系统的轻量化设计具有重要意义。

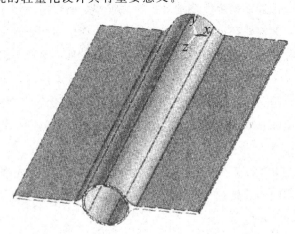

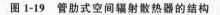

图 1-19　管肋式空间辐射散热器的结构

空间辐射散热器以热辐射方式向外排热，其散热量量与排热温度的 4 次方成正比。考虑现有航天器的空间辐射散热器通常为管肋式结构，且按单面辐射方式布置，其具体结构如图 1-19 所示。

建立数学模型时，考虑了材料热物性的温度相关性，并引入如下假设：①在微重力环境下，忽略管壁上表面和肋壁上表面自然对流的影响；②由于按单面辐射方式布置，近似认为管壁下表面和肋壁下表面绝热；③忽略管外壁与肋外壁之间的相互辐射；④太阳和其他天体的热辐射效应按空间等效热沉温度进行处理。

1. 空间辐射散热器的排热能力

空间辐射散热器的上表面部分向外层空间辐射热量，其排热能力 Q_r 为

$$q_r = \varepsilon\sigma\eta(T_w - T_s) \tag{1-133}$$

$$Q_r = A_r \cdot q_r \tag{1-134}$$

其中，A_r——空间辐射器散热器外表面积，m^2；

T_w——空间辐射器散热器金属的外表面温度，K；

T_s——近地轨道空间的等效热沉温度，经验数据表明：T_s 一般在 190～235K 之间；

ε——空间辐射散热器的表面发射率，其取值在 0.8～0.9 之间；

σ——S-B 常数，其值为 $5.67 \times 10^{-8} W/(m^2 \cdot K^4)$；

η——空间辐射散热器的翅片效率，其取值一般在 0.8～0.9 之间。

2. 空间的等效热沉温度

对于使用辐射散热器的航天器，空间热辐射环境是影响辐射散热器排热效率的最重要因素。航天器在轨道上绕地球公转使得其空间辐射环境不断变化，并且由于摄动的影响，其辐射环境变化更加复杂。每个周期中接收到的热辐射环境也不相同。一般情况下航天器的设计只考虑最大热流和最小热流等极端工况。

空间站、载人飞船等载人航天器一般运行于近地倾斜轨道，舱体多数为圆柱形。舱体的一侧总是朝向地球，因此舱体表面不同位置受到的热辐射差别很大。近地倾斜轨道受地球非球形摄动影响较大，导致舱体所受热辐射在一个长的周期中发生变化。

用等效辐射热沉温度来表征空间的热辐射状况具有直观和方便的特点。空间站的公转使得其侧面的等效热沉产生周期性变化。因而布置在舱外壁的辐射散热器的散热功率也随之变化。

根据航天器受太阳照射的状况，用近地轨道空间的等效热沉温度的波动情况表示，如图 1-20 所示，纵坐标为等效热沉温度，单位 K；横坐标为时间，单位 s。三条曲线分别代表不同的辐射情况：平均热辐射状况为图 1-20 中的"状况Ⅰ"；最大热辐射状况为图 1-20 中的"状况Ⅱ"；最小热辐射状况的图 1-20 中的"状况Ⅲ。

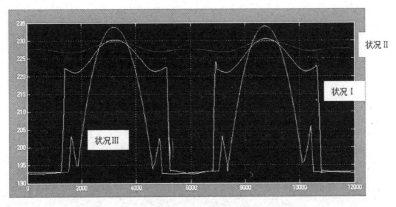

图 1-20   近地轨道空间的等效热沉温度波动情况

3. 辐射散热器换热管中的流动换热模型

封闭通道中液体流动换热计算，用无量纲数努塞尔数 Nu_f 确定其壁面对流换热系数 h_f：换热管中的流体的流动状态为层流（$Re_f < 2300$）时：

$$Nu_f = 3.66 \tag{1-135a}$$

换热管中的流体的流动状态呈过渡区及湍流（$Re_f \geqslant 2300$）时，采用格尼林斯基（Gnielinski）公式计算：

$$Nu_f = \frac{(f/8)(Re_f - 1000)Pr_f}{1 + 12.7\sqrt{f/8}(Pr_f^{2/3} - 1)}\left[1 + \left(\frac{d}{l}\right)^{2/3}\right]\left(\frac{Pr_f}{Pr_w}\right)^{0.01} \tag{1-135b}$$

$$h_f = \frac{Nu_f \cdot k}{d} \tag{1-136}$$

其中，$f = (1.82 \times \lg Re_f - 1.64)^{-2}$

Re_f——流体在管内流动的普朗特数；

Pr_f——流体在管内流动的普朗特数；

k——流体的导热系数；

d——特征长度；

l——换热管长度。

辐射散热器管中流体的流动散热量 Q_w 为

$$Q_w = A_w \cdot h_f \cdot (T_f - T_w) \tag{1-137}$$

其中，A_w——空间辐射散热器的换热管面积，m^2；

T_f——管内流体的平均温度，K；

4. 空间辐射散热器的金属蓄热动态模型

考虑空间辐射散热器的金属蓄热过程，空间辐射散热器的金属蓄热过程的动态数学模型可以表达为

$$C_{metal,r} \cdot M_{metal,r} \cdot \frac{dT}{dt} = Q_w - Q_r \tag{1-138}$$

其中，$C_{metal,r}$——空间辐射散热器的金属比热容，$J/(kg \cdot K)$；

$M_{metal,r}$——空间辐射散热器的金属质量，kg；

Q_w——空间辐射散热器金属的吸热量，W。

Q_r——空间辐射散热器金属的散热量，W。

1.3.14 引射器模型

1.3.14.1 引射器的基本结构和基本工作原理

引射器是利用紊动扩散作用进行传质传能的流体机械和混合反应设备。在引射器中两股不同压力的流体相互混合，发生能量交换后形成一种居中压力的混合流体。引射器的基本结构如图 1-21 所示，主要由喷嘴、喉管、扩散管和吸入室部件组成。

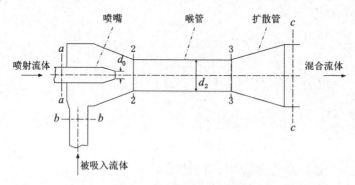

图 1-21 液体引射泵的基本结构

引射器的基本工作原理是：一定压力的流体通过喷嘴高速射出，此时，喷射流体的压力能转化为动能，把喷嘴附近的空气带走，导致在吸入室内形成真空，吸入低压流体，两股不同压力的流体，在混合室内产生能量、动量和质量的交

换，喷射流体的速度及压力均减少，被吸入流体速度增加，在混合室出口处两股流体的流速渐趋均匀。喷射流体携带被吸入流体进入扩散室后，两股流体一边继续进行能量交换，一边逐渐压缩，将动能转换为压力能，并将混合流体增压后排出引射器。

根据能量守恒定律，引射器喷嘴至扩散室中流动流体的压力和速度变化关系总是相反的，即速度的增大必然导致压力的减小。

1.3.14.2　引射器的基本参数

引射器的流量、压力及主要几何参数，可以用下列无因次式子表示：

1. 流量比：$\mu = \dfrac{Q_b}{Q_a}$

其中，Q_b 为被吸入流体的体积流量，m^3/h；Q_a 为喷射流体的质量流量，m^3/h。

2. 压力比：$h = \dfrac{\Delta P_c}{\Delta P_p}$

其中，ΔP_c 为液体引射泵扬程，Pa；ΔP_p 为喷射流体的工作扬程，Pa。因此，压力比可表示为

$$h = \frac{\Delta P_c}{\Delta P_p} = \frac{\left(p_c + \rho_c g z_c + \rho_c \dfrac{v_c^2}{2}\right) - \left(p_b + \rho_b g z_b + \rho_b \dfrac{v_b^2}{2}\right)}{\left(p_a + \rho_a g z_a + \rho_a \dfrac{v_a^2}{2}\right) - \left(p_b + \rho_b g z_b + \rho_b \dfrac{v_b^2}{2}\right)}$$

3. 面积比：$m = \dfrac{\text{喉管截面积}}{\text{喷嘴出口截面积}} = \dfrac{f_3}{f_{p1}} = \dfrac{d_2^2}{d_0^2}$

4. 效率：$\eta = \dfrac{\rho_b g Q_b \Delta P_s}{\rho_a g Q_a (\Delta P_p - \Delta P_s)} = \dfrac{qh}{1-h}$

1.3.14.3　引射器的相似定律

1. 几何相似

如果两台引射器相应角度相等，相对应的线性尺寸成比例，则这两台引射器几何相似。并且，两台引射器若是几何相似则他们具有相等的面积比。反之，具有相等面积比的两台引射器，不一定几何相似。但若两台引射器的喉管长度、喉

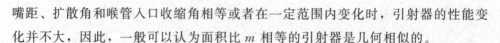

嘴距、扩散角和喉管入口收缩角相等或者在一定范围内变化时，引射器的性能变化并不大，因此，一般可以认为面积比 m 相等的引射器是几何相似的。

2. 运动相似

如果两台引射器运动相似，则它们对应点速度成比例。几何相似的引射器，如果流量比相等，则它们也是运动相似的。

3. 动力相似

如果几何相似和运动相似的两台引射器，其相应部位的作用力成比例，则它们动力相似。

1.3.14.4 引射器的特性方程

引射器的特性方程是研究引射器压力、流量特性、几何尺寸及相互作用流体参数之间的关系式，它反映了引射器内能量变化和各主要部件对引射器性能的影响，是设计、制造和运用引射器的理论基础。特性方程的推导过程基于如下假设：①引射器内的工质遵循能量守恒定律；②引射器内流体的流动为一维稳态流动，工作流体及引射流体的膨胀和压缩过程为绝热过程，忽略内能变化；③在喷嘴出口截面与圆柱形混合室的入口截面之间那段工作流体的截面保持不变；④喷嘴、扩散室及混合过程中的不可逆因素用速度系数和混合效率来表示；⑤实际工作过程达到与理想过程一样的混合流体排出压力。

对引射器进行简化分析后，应用能量守恒方程，得：

$$Q_c = Q_a + Q_b \tag{1-139}$$

$$\mu = \frac{Q_b}{Q_a} \tag{1-140}$$

$$Q_c = (1+\mu) \times Q_a = \frac{1+\mu}{\mu} \times Q_b \tag{1-141}$$

其中，Q_c 为混合流体的质量流量，kg/s；Q_b 为被吸入流体的质量流量，kg/s；Q_a 为喷射流体的质量流量，kg/s；μ 为流量比。

对喉管入口截面和出口截面应用动量守恒方程(图 1-22)，忽略 a 和 b 点的高度差，并将 a 点的高度定为 0，得

$$\varphi_2(q_1 v_1 + q_2 v_2) - (q_1 + q_2) v_3 = P_b f_b - P_a f_a \tag{1-142}$$

其中，φ_2 为混合室的速度系数；v_1 为喉管入口截面喷射流体的速度，m/s；v_2 为喉管入口截面被吸入流体的速度，m/s；v_3 为喉管出口截面混合流体的速度，m/

s；P_b 为混合流体在喉管出口截面上的静压力，Pa；P_a 为喷射流体、被吸入流体在喉管入口截面上的静压力，Pa；f_b 为喉管出口截面的面积，m^2；f_a 为喉管入口截面的面积，m^2。

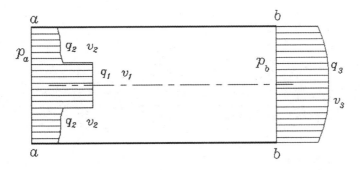

图 1-22 喉管流动图

喉管进出口面积相等，即 $f_a = f_b$。并把式(1-140)、式(1-141)代入式(1-142)，整理后得

$$\varphi_2(v_1 + \mu v_2) - (1 + \mu)v_3 = \frac{P_b - P_a}{q_1} f_b \tag{1-143}$$

其中，$q_1 = Q_a$，$q_2 = Q_b$。

喷射泵的喷嘴出流属于淹没出流，对喷嘴前后列能量方程，求得喷嘴出口速度为

$$v_1 = \varphi_1 \sqrt{\frac{2}{\rho_p} \Delta p_p} \tag{1-144}$$

喷嘴出口的喷射流体流量为

$$q_1 = \varphi_1 f_{p1} \sqrt{2\rho_p \Delta p_p} \tag{1-145}$$

其中，φ_1 为喷嘴的速度系数；f_{p1} 为喷嘴出口的截面积，m^2；ρ_p 为喷射流体的密度，kg/m^3；$\Delta \rho_p$ 为喷嘴前后的总压差，Pa。

喷射流体、被吸入流体在喉管入口截面上的静压力

$$P_a = P_H - \rho_H \frac{\left(\dfrac{v_2}{\varphi_4}\right)^2}{2} \tag{1-146}$$

其中，φ_4 为混合室入口段的速度系数；P_H 为被吸入流体在喷射泵入口的压力，Pa；ρ_H 为被吸入流体的密度，kg/m^3。

混合流体在喉管出口截面上的静压力

$$P_b = P_c - \rho_p \frac{(\varphi_3 v_3)^2}{2} \tag{1-147}$$

其中，φ_3 为扩散管的速度系数；P_c 为混合流体的排出压力，Pa；ρ_p 为喷射流体的密度，kg/m^3。

由式(1-145)可得喷嘴工作方程为

$$\Delta p_p = \frac{q_1^2}{2\rho_p \varphi_1^2 f_{p1}^2} \tag{1-148}$$

$$\Delta p_c = q_1^2 \left\{ \left[\varphi_2 \left(\frac{1}{\rho_p f_3 f_{p1}} + \frac{\mu^2}{\rho_H f_2 f_3} \right) - \frac{(1+\mu)^2}{\rho_c f_3^2} \right] - \left[\frac{\mu^2}{2\varphi_4^2 f_2^2 \rho_H} - \frac{(1+\mu)^2 \varphi_3^2}{2\rho_c f_3^2} \right] \right\} \tag{1-149}$$

喷射泵的特性方程为

$$h = \frac{\Delta p_c}{\Delta p_p}$$

$$= \varphi_1^2 \frac{f_{p1}}{f_3} \left[2\varphi_2 + \left(2\varphi_2 - \frac{1}{\varphi_4^2} \right) \frac{\rho_p}{\rho_H} \frac{f_{p1}}{f_3 - f_{p1}} \mu^2 - (2 - \varphi_3^2) \frac{\rho_p}{\rho_c} \frac{f_{p1}}{f_3} (1+\mu)^2 \right] \tag{1-150}$$

液体喷射泵前后流体密度变化很小，因此忽略密度变化，变形为

$$h = \frac{\varphi_1^2}{m} \left[2\varphi_2 + \left(2\varphi_2 - \frac{1}{\varphi_4^2} \right) \frac{n}{m} \mu^2 - (2 - \varphi_3^2) \frac{1}{m} (1+\mu)^2 \right] \tag{1-151}$$

其中，$m = \dfrac{f_3}{f_{p1}}$，$n = \dfrac{f_3}{f_3 - f_{p1}}$。

根据经验 $\varphi = 0.95$，$\varphi_2 = 0.97$，$\varphi_3 = 0.9$，$\varphi_4 = 0.8$，则式(1-151)简化为

$$h = \frac{\Delta p_c}{\Delta p_p} = \frac{0.9}{m} \left[1.95 + 0.56 \frac{n}{m} \mu^2 - 1.19 \frac{1}{m} (1+\mu)^2 \right] \tag{1-152}$$

式(1-152)表明，当引射比 μ 一定时，喷射泵所形成的压力降 $\Delta p_c = p_c - p_b$ 是与工作流体的可用压力降 $\Delta p_p = P_a - P_b$ 成正比。$h = \Delta p_c - \Delta p_p$ 的数值取决于面积比 m、n 和喷射泵各部件的速度系数 φ_1、φ_2、φ_3、φ_4 以及引射比 μ，而不取决于喷射流体的可用压力降的绝对值 $\Delta P_p = P_a - P_b$。

通过对相关资料的分析，可推荐出较好的喷射泵的结构参数：面积比 $m = 3 \sim 4$，引射比 $\mu = 1 \sim 2$。

1.3.14.5　引射器的经验模型

引射器的基本性能方程是其理论研究的核心。国际上存在两个学派：第一个

学派是从大量的实验资料出发，采用逼近论，用统计数学原理推求引射器的基本方程式，这类方程优点是简单直观，基本是直线方程，使用方便。第二个学派是从动量定律、能量守恒定律和质量守恒定律出发，并对引射器作了某些假设，把复杂的三元流体力学问题，简化为二元流和一元流力学问题去研究。这些方程式的优点是在推导的过程中引入很多相应的试验系数，以此来表达引射器结构参数、运动参数和几何元件对其性能的影响。本课题介绍一种能兼顾上述两个学派优点的引射器性能计算模型，该模型是在大量实验的基础上，通过数学分析，得到引射器基本性能参数方程。

引射器的无因次性能特性曲线，工作区间的变化基本呈直线变化，因此它可以用以下公式表示：

$$h = \alpha + \beta \cdot \mu \quad (\alpha \text{为常数}) \tag{1-153}$$

倘若能确定 $h = f(\mu)$ 性能曲线最高效率点 $\eta_{\max}$ 所对应的 h_y、μ_y 变化规律，并计算出所对应的斜率 $\beta = -tg\alpha$，则方程(1-153)可解。

h_y、μ_y 和 β 的大小分别与引射器的结构参数面积比 m、喉嘴距 l_2、喉管长度 l_4、喉管进口角 α_1、扩散角 α_2 的取值有关。有关研究结果成果如下：

$$h_y = \alpha + \beta \cdot \mu_y \tag{1-154}$$

$$h_y = 0.628 - 0.135m + 0.113 \times 10^{-1}m^2 - 0.288 \times 10^{-3}m^3$$
$$- 0.539 \times 10^{-2}\frac{l_2}{d_0} + 0.545 \times 10^{-6}v_0^3 + 0.226 \times 10^{-7}\alpha_2^5 \tag{1-155}$$

$$\mu_y = -0.918 + 0.494m - 0.319 \times 10^{-1}m^2 + 0.635 \times 10^{-3}m^3 - 0.630$$
$$\times 10^{-2}v_0 + 0.215\alpha_2 - 0.193 \times 10^{-1}\alpha_2^2 + 0.291 \times 10^{-4}\alpha_2^4 \tag{1-156}$$

公式(1-155)(1-156)的使用范围：$m = 2 \sim 21$，$v_0 = 10 \sim 50\text{m/s}$，$\alpha_1 = 13° \sim 120°$，$\alpha_2 = 0° \sim 16°$，$\frac{I_2}{d_0} = -1 \sim 9$，$\frac{I_4}{d_2} = 2 \sim 11$。

上述公式曾用国内外资料进行验证，结果表明：①方程式的精度较高，能够满足设计需要，能够给出方程式的精度范围；②方程式中没有可变动系数，减少人为选择误差，方程式有唯一性解；③方程式充分的体现了结构参数、运动参数和安装位置对引射器性能的影响，使在设计时，能够通过定量的改变上述基本参数的大小，来调整引射器的性能，使之满足设计使用需要；④通过运用上述方程式，可以对喷射泵的各种性能进行预测。

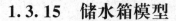

1.3.15 储水箱模型

储水箱模块存在如下物质、能量平衡关系：

$$\frac{\partial m}{\partial t} = \dot{m}_{\text{tank, in}} - \dot{m}_{\text{tank, out}} \qquad (1\text{-}157)$$

$$\frac{\partial (mU)}{\partial t} = \dot{m}_{\text{tank, in}} h_{\text{tank, in}} - \dot{m}_{\text{tank, out}} h_{\text{tank, out}} \qquad (1\text{-}158)$$

其中，$\dot{m}_{\text{tank, in}}$——进入储水箱工质的质量流量，kg/s；

　　　$\dot{m}_{\text{tank, out}}$——流出储水箱工质的质量流量，kg/s；

　　　$h_{\text{tank, in}}$——进入储水箱工质的焓，kJ/kg；

　　　$h_{\text{tank, out}}$——流出储水箱工质的焓，kJ/kg；

　　　m——储水箱中工质的质量，kg；

　　　U——储水箱中工质的内能，kJ/kg。

1.3.16 微泵模型

微泵进出口流体压差 ΔP 的拟合曲线表达式为

$$\Delta P = a + b\delta_k + c\delta_k^2 \qquad (1\text{-}159)$$

其中，$a = -0.72$，$b = 14.725$，$c = ,\ 1.694$

回路中的工质流量 M 满足：

$$M = k \cdot \sqrt{\Delta P} \qquad (1\text{-}160)$$

其中，k 为回路系统导纳。

1.3.17 重整器模型

1.3.17.1 重整器工作流程

图 1-23 为重整器的结构及工作流程。该重整器为不锈钢制作的圆管结构，内径 84mm，总长 400mm。重整器的 monolith1 装有夹套，水蒸气和空气分别被预热至 310℃，进入夹套为重整器预热。随后空气-水蒸气混合物被送入重整器。燃料在室温下喷射进重整器，与空气-水蒸气混合物混合后，在重整器混合区汽化。之后，物料流经氧化锆处理过的氧化铝泡沫盘，该泡沫盘可确保液体燃料不与催化剂接触。混合区后是两个相同的管状单体，有相同的催化剂涂层，且两个

单体和泡沫盘被一个5mm厚的陶瓷纤维垫所包围，以确保单体和泡沫盘位置固定。重整器的外部用氧化铝-二氧化硅包层，以尽量减少热损失。

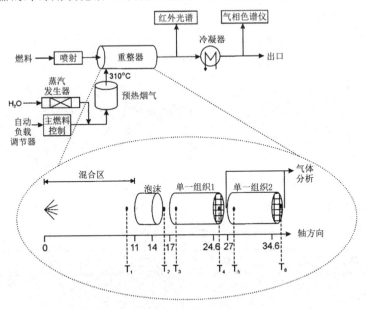

图1-23 重整器的结构及工作流程图

1.3.17.2 重整器反应模型

重整器相关模型建立遵从以下假设条件：全过程物料无蓄积，完成重整反应后，燃料无剩余，生成物全部排出重整器。空气看作氧气和氮气的混合物，体积比例分别为21%、79%。

重整器内主要包括以下四种化学反应：燃料的氧化反应、蒸汽重整反映、燃料裂解生成甲烷反应、水煤气反应。

水煤气反应的反应物为CO和H_2O，而进口物料不含CO，因此将四种化学反应的发生分为前后两个阶段，第一阶段发生的反应包括：燃料全氧化反应，燃料蒸汽重整反映，生成甲烷反应；第二阶段发生的反应为水煤气反应。第一阶段的生成物CO作为第二阶段的反应物。各反应方程和速率方程如下。

燃料全氧化反应：

$$C_{14}H_{26} + 20.5O_2 \rightarrow 14CO_2 + 13H_2O \tag{1-161}$$

$$r_1 = k_1 y_{\text{fuel}}^a y_{o2}^b \tag{1-162}$$

燃料蒸汽重装反应：

$$C_{14}H_{26} + 14H_2O \rightarrow 14CO + 27H_2 \tag{1-163}$$

$$r_2 = k_2 y_{fuel}^c y_{H_2O}^d \tag{1-164}$$

燃料生成甲烷反应:

$$C_{14}H_{26} + 5H_2O \rightarrow 5CO + 9CH_4 \tag{1-165}$$

$$r_3 = k_3 y_{fuel}^e y_{H_2O}^f \tag{1-166}$$

水煤气反应:

$$CO + H_2O \rightarrow CO_2 + H_2 \tag{1-167}$$

$$r_4 = k_4 y_{CO} y_{H_2O} \left(1 - \frac{y_{CO_2} y_{H_2}}{y_{CO} y_{H_2O} Ke}\right) \tag{1-168}$$

其中,r_i 为反应速率,$mol/(kg \cdot s)$;k_i 为反应速率常数,$mol/(kg \cdot s)$;Ke 计算公式为:$Ke = e^{\left(\frac{4577.8}{T} - 4.33\right)}$,反应速率常数和参数具体数值见表 1-1。

表 1-1 重整器物性参数表

反应速率系数	数值	单位	系数	数值	单位
k_1	1.44×10^{-1}	$mol/(kg \cdot s)$	b	0.984	—
k_2	3.39	$mol/(kg \cdot s)$	c	1	—
k_3	7.95×10^{-2}	$mol/(kg \cdot s)$	d	0.992	—
k_4	6.54×10^{-2}	$mol/(kg \cdot s)$	e	0.899	—
a	-0.195	—	f	1	—

重整反应过程视作绝热过程,化学反应前、后工质皆视作理想气体,重整器内工质温度计算公式为

$$C_P \cdot m \cdot \frac{dT}{t} = Q_{吸} \tag{1-169}$$

重整器内工质的吸热量 $Q_{吸}$ 可由各反应式和速率方程计算得出。

1.3.18 固体氧化物燃料电池模型

固体氧化物燃料电池(solid oxide fuel cell,SOFC)属于第三代燃料电池,是一种在中高温下直接将储存在燃料和氧化剂中的化学能高效、环境友好地转化成电能的全固态化学发电装置。被普遍认为是在未来会与质子交换膜燃料电池(PEMFC)一样得到广泛普及应用的一种燃料电池。

本例采用非多孔的固体陶瓷钇稳定的氧化锆(YSZ)为电解质的 SOFC。其工

作温度在 $700\sim1000℃$，理想能量转换效率高达 $60\%\sim80\%$。电极选取多孔材料，其中阳极为 Ni/YSZ 制造的金属陶瓷，阴极为掺锶的亚锰酸镧。在阳极一侧持续通入燃料。具有催化作用的阳极表面吸附燃料气体，并通过阳极的多孔结构扩散到阳极与电解质的界面。在阴极一侧持续通入空气，具有多孔结构的阴极表面吸附氧气，由于阴极本身的催化作用，使得氧气得到电子变为氧离子，在化学势的作用下，氧离子进入起电解质作用的固体氧离子导体，由于浓度梯度引起扩散，最终到达固体电解质与阳极的界面，与燃料气体发生反应，失去的电子通过外电路回到阴极。氢气作为燃料时全部电化学反应如下：

$$H_2 + \frac{1}{2}O_2 \rightarrow H_2O \qquad \Delta H_{298} = -241kJ/mol \tag{1-170}$$

如果燃料中含有甲烷时，蒸汽和甲烷会在阳极发生重整并生成氢气，即所谓的甲烷蒸汽重整反应[反应式(1-171)]，生成的一氧化碳可以在电化学反应中被氧化[反应式(1-172)]，也可以与水反应生成氢气[反应式(1-173)]。

$$CH_4 + H_2O \Leftrightarrow 3H_2 + CO \qquad \Delta h_r = 206kJ/mol \tag{1-171}$$

$$CO + \frac{1}{2}O_2 \rightarrow CO_2 \qquad \Delta h_c = -283kJ/mol \tag{1-172}$$

$$CO + H_2O \rightarrow CO_2 + H_2 \qquad \Delta h_{sh} = -41kJ/mol \tag{1-173}$$

1.3.18.1 SOFC 化学反应动力学模型

在高温和低压环境下有利于甲烷蒸汽重整反应的发生，主要包括以下反应：

1. 甲烷的蒸汽重整反应

$$CH_4 + H_2O \underset{k_r^-}{\overset{k_r^+}{\rightleftharpoons}} 3H_2 + CO \qquad \Delta H_r = -206kJ/mol \tag{1-174a}$$

2. 一氧化碳的水煤气反应

$$CO + H_2O \underset{k_s^-}{\overset{k_s^+}{\rightleftharpoons}} CO_2 + H_2 \qquad \Delta H_s = -41kJ/mol \tag{1-174b}$$

3. 电化学反应

$$H_2 + \frac{1}{2}O_2 = H_2O \qquad \Delta H_e = -241.8kJ/mol \tag{1-174c}$$

4. 氢气的消耗量

$$n_{H_2} = \frac{iA}{2F} \tag{1-175}$$

固体氧化物燃料电池内部的化学反应过程有多种描述方程，如 W. Lehnert[①]利用方法一来计算相关反应过程。Haoran Xu[②] 利用方法二来计算相关反应过程。由于简化方法不同，两种方法的计算结果有所不同。

方法一：甲烷的反应速率可表示为

$$R_r = k_r^+ p_1 p_3 - k_r^- p_2 (p_4)^3 (mol \cdot m^{-3} s^{-1}) \tag{1-176}$$

其中，k_r^+，k_r^- 为蒸汽重整反应的正向反应常数和逆向反应速度常数。

水煤气反应的反应速率可表示为

$$R_s = k_s^+ p_2 p_3 - k_s^- p_4 p_5 (mol \cdot m^{-3} \cdot s^{-1}) \tag{1-177}$$

其中，k_s^+ 正向反应常数和 k_s^- 逆向反应常数，见表1-2。

其中，p_1 为甲烷的分压力，p_2 为一氧化碳的分压力，p_3 为水的分压力，p_4 为氢气的分压力，p_5 为二氧化碳的分压力。

表 1-2　不同温度下的反应速度常数

温度/K	k_r^+ /(mol·m^{-3}·Pa^{-2}s^{-1})	k_r^- /(mol·m^{-3}·Pa^{-2}s^{-1})	k_s^+ /(mol·m^{-3}·Pa^{-2}s^{-1})	k_s^- /(mol·m^{-3}·Pa^{-2}s^{-1})
1073	2.3×10^{-8}	1.4×10^{-20}	$1.5 10^{-7}$	1.4×10^{-7}
1123	8.0×10^{-8}	1.5×10^{-20}	3.2×10^{-7}	3.5×10^{-7}
1163	1.6×10^{-8}	1.5×10^{-20}	3.6×10^{-7}	4.3×10^{-7}

方法二：甲烷的反应速率

$$R_r = k_{rf} \left(P_{CH_4} P_{H_2O} - \frac{P_{CO}(P_{H_2})^3}{K_{pr}} \right) \tag{1-178a}$$

$$k_{rf} = 2395 \exp\left(-\frac{231266}{RT} \right) \tag{1-178b}$$

$$K_{pr} = 1.0267 \times 10^{10} \times e^{-0.2513 \times Z^4 + 0.3665 \times Z^3 + 0.5810 \times Z^2 - 27.134 \times Z + 3.277} \tag{1-179}$$

$$Z = \frac{T}{1000} - 1 \tag{1-180}$$

---

① Lehnert W, Meusinger J, Thom F. Modelling of gas transport phenomena in SOFC anodes[J]. JOURNAL OF POWER SOURCES, 2000, 87(1—2): 57—63.

② Xu H, Chen B, Tan P, et al. Modeling of all porous solid oxide fuel cells[J]. Applied Energy, 2018, 219: 105—113.

一氧化碳的水煤气反应:

$$R_s = k_{sf}\left(P_{CO}P_{H_2O} - \frac{P_{CO_2}P_{H_2}}{K_{ps}}\right) \tag{1-181a}$$

$$k_{sf} = 0.0171\exp\left(-\frac{103191}{RT}\right) \tag{1-181b}$$

$$K_{ps} = e^{-0.2935\times Z^3 + 0.6351\times Z^2 + 4.1788\times Z + 0.0169} \tag{1-182}$$

可以计算 SOFC 中各组分的反应速率:

$$R_{CH_4} = -R_r (mol \cdot m^{-3} \cdot s^{-1}) \tag{1-183a}$$

$$R_{CO} = R_r - R_s \tag{1-183b}$$

$$R_{H_2O} = -R_r - R_s \tag{1-183c}$$

$$R_{H_2} = 3R_r + R_s \tag{1-183d}$$

$$R_{CO_2} = R_s \tag{1-183e}$$

1.3.18.2 SOFC 电压计算模型

SOFC 的电压计算方法有很多,由于简化的过程不一,造成计算结果有所差异,本书列举了两种电压的计算方法,主要推荐采用第二种方法。

方法一:

$$V_{SOFV} = V_{ref} + \Delta V = V_{ref} + (RT/4F)\ln(p/p_{ref}) \tag{1-184}$$

其中,V_{ref} 为 0.70V ,是设计条件(800℃,3.5bar)的基准电压,R 为气体常数,8.31J/(mol·K),T 为燃料电池的工作温度, 单位 K,F 是法拉第常数,96486C/mol,p 为燃料电池的工作压力,p_{ref} 为燃料电池的参考压力,3.5bar。

方法二:

$$V_{SOFC} = V_{eq} - \eta_{act} - \eta_{ohm} - \eta_{CON} \tag{1-185}$$

V_{eq} SOFC 的平衡电势,η_{act} 为活化极化电压损失,η_{ohm} 欧姆电压损失,η_{con} 浓差极化电压损失。

平衡电势为

$$V_{eq} = E^0 + \frac{RT}{2F}\ln\left(\frac{P_{H_2}^L (P_{O_2}^L)^{\frac{1}{2}}}{P_{H_2O}^L}\right) \tag{1-186}$$

其中,$E^0 = 1.2723 - 2.7645\times 10^{-4} T$,E^0 为标准电势,$P_{H_2}^L$,$P_{O_2}^L$ $P_{H_2O}^L$ 分别为氢气,氧气,水蒸汽的分压力。

欧姆极化可表示为:

$$\eta_{\text{ohmic}} = i \cdot \sum R_x \tag{1-187}$$

浓差极化可以按照两种方式来计算，方案一：

$$\eta_{\text{conc}} = -\frac{RT}{2F} \ln\left(1 - \frac{i}{A \cdot J_{\text{L}}}\right) \tag{1-188a}$$

浓差极化计算，方案二：

$$\eta_{\text{conc}} = \frac{RT}{2F} \ln\left(\frac{x_{\text{H}_2}^b x_{\text{H}_2\text{O}}^r}{x_{\text{H}_2\text{O}}^b \cdot x_{\text{H}_2}^r}\right) + \frac{RT}{4F} \ln\left(\frac{x_{\text{O}_2}^b}{x_{\text{O}_2}^r}\right) \tag{1-188b}$$

阳极活化极化：

$$\eta_{\text{act, a}} = \frac{2RT}{F} \sinh^{-1}\left(\frac{i}{2J_{0,\text{a}} \cdot A}\right) \tag{1-189}$$

阴极活化极化：

$$\eta_{\text{act, c}} = \frac{2RT}{F} \sinh^{-1}\left(\frac{i}{2J_{0,\text{c}} \cdot A}\right) \tag{1-190}$$

其中，

$$R_x = \frac{\delta_x a_x}{A} e^{\frac{bx}{T}} \tag{1-191}$$

$$J_{\text{o, a}} = r_a \left(\frac{p_{10,\text{H}_2}}{p_{\text{ref}}}\right)\left(\frac{p_{10,\text{H}_2\text{O}}}{p_{\text{ref}}}\right) e^{-\frac{E_a}{RT}} \tag{1-192}$$

$$J_{\text{o, c}} = r_c \left(\frac{p_{5,\text{O}_2}}{p_{\text{ref}}}\right)^{0.25} e^{-\frac{E_c}{RT}} \tag{1-193}$$

其中，$x = 1$，2，3，4，R_x 分别为阳极、阴极、电解质和连接器的欧姆电阻，Ω，δ_x 分别为阳极、阴极、电解质和连接器的厚度（cm），A 为电池有效面积，cm^2，J_{L} 为极限电流密度/A/cm^2，$J_{\text{o,a}}$、$J_{\text{o,c}}$ 分别为阳极、阴极的交换电流密度，A/cm^2，r_a，r_c 分别为阳极、阴极参考交换电流密度/A/cm^2，E_a、E_c 分别为阳极、阴极活化能（$\text{J} \cdot \text{mol}^{-1}$）。

极限电流密度 J_{L} 通常用高浓度过电位来解释，高浓度过电位由反应物和产物在三相边界的运输限制所决定，取决于电极的输运性质，包括其孔隙率和曲折度，属于燃料电池自身的特性，扩散层厚度对极限电流密度有影响，并且极限密度与扩散层厚度存在关联关系。因此只要扩散层厚度一定极限电流密度就已知。

根据实验可得电化学模型中各参数值，见表1-3所示。

表 1-3 SOFC 电化学模型参数

	$E/(\mathrm{J \cdot mol^{-1}})$	$r/(\mathrm{A \cdot cm^{-2}})$	$a_x/(\Omega \cdot cm)$	$b_x/(\mathrm{K})$	$\delta_x/(\mathrm{cm})$
阳极	1.1×10^5	7×10^5	0.00298	−1392	0.01
阴极	1.2×10^5	7×10^5	0.008114	600	0.22
电解质	—	—	0.00294	10350	0.004
连接器	—	—	0.1256	4690	0.004

SOFC 阳极发生三个反应:

$$CH_4 + H_2O \rightarrow CO + 3H_2 \tag{1-194}$$

$$CO + H_2O \rightarrow CO_2 + H_2 \tag{1-195}$$

$$2H_2 + O_2 \rightarrow 2H_2O \tag{1-196}$$

由于重整器中重整所得 CH_4 含量极低,其摩尔分数约占固体氧化物燃料电池阳极进口气体的 0.5%,因此可忽略式(1-194)对固体氧化物燃料电池阳极混合气体摩尔数的影响。式(1-195)反应前后的摩尔数没有发生变化,所以式(1-196)反应对固体氧化物燃料电池阳极混合气体摩尔数没有影响。式(1-196)为电化学反应,其反应物 H_2 来自于固体氧化物燃料电池阳极,O_2 来自于固体氧化物燃料电池阴极,反应所得生成物在固体氧化物燃料电池阳极生成。因此,式(1-196)反应对固体氧化物燃料电池阳极混合气体摩尔数也没有影响。

综上所述,固体氧化物燃料电池的阳极混合气体摩尔数基本不变。

腔室内温度、压力为 T,p,混合物的物质的量为 n,占有体积 V,质量为 m。根据理想气体状态方程有:

$$pV = nRT \tag{1-197}$$

对于其中的任一组成气体 i,有:

$$p_i V = n_i RT \tag{1-198}$$

即

$$p_i = \frac{n_i}{V} RT \tag{1-199}$$

其中,任一组成气体 i 的浓度 C_i 可以表示为

$$C_i = \frac{n_i}{V} \tag{1-200}$$

根据前后导纳、流体网络计算得到进、出口流量,再通过 i 物质的反应量、

进、出口流量及摩尔分数，计算得到各成分的分压力。

例如，SOFC 内部工作 H_2 浓度及分压力计算如下。

燃料电池 H_2 浓度计算：

$$V_{an} \frac{d}{dt} C_{H_2} = q_{H_2}^{in} - q_{H_2}^{r} - q_{H_2}^{out} \tag{1-201}$$

由式(1-197)(1-201)可得：

$$P_{H_2} = C_{H_2} RT \tag{1-202}$$

H_2O、O_2 浓度及分压力计算方法同上。

1.3.18.3 SOFC 电流计算模型

电流可以表示为

$$I = i \cdot A \tag{1-203}$$

其中，i 为电流密度，推荐取值范围 $1000 \sim 8000 A/m^2$；A 为有效面积。

电流密度的取值范围：燃料电池在相同操作和工艺条件下，单体面积越大，电流密度的分布越不易均匀，电池的性能下降就越多。一般几个平方厘米的燃料电池工作平均电流密度可以达到 $2A/cm^2$，而大面积燃料电池平均电流密度一般只有 $(0.6 \pm 0.2)A/cm^2$。由此可见燃料电池的电流密度是与燃料电池本身的材料设计方案有关，当然燃料电池的电流密度也受反应温度，反应物的浓度，压力的影响，因为这些因素直接影响燃料电池的燃料利用率，燃料利用率与燃料电池的电流密度息息相关。因此，当燃料电池的结构尺寸以及反应条件即反应温度、压力、燃料利用率等条件稳定时，燃料电池的电流密度为定值，因此本报告中燃料电池的电流密度取为定值。

关于电流密度的计算：电流密度 $i_0 = i/A$；A 为燃料电池电解质的电解质面积，i 为电流。在有关质子交换膜燃料电池的研究中，燃料电池电流密度的电流密度分布可以通过实验研究的方式获得，主要有部分膜电极三合一法、电池流场/集流板分块法、直接测量法等。

1.3.18.4 SOFC 功率计算模型

$$W_{SOFC \cdot DC} = V_{SOFC} \cdot I \tag{1-204}$$

1.3.18.5　SOFC 效率计算模型

$$\eta_{SOFC} = \frac{\dot{W}_{SOFC \cdot AC}}{\dot{z}_{reacted} LHV_{H_2} + \dot{y}_{reacted} LHV_{CO} + 4\dot{x}_{reacted} LHV_{CH_4}} \quad (1-205)$$

其中，LHV_{H_2}，LHV_{CO}，LHV_{CH_4} 分别是氢气，一氧化碳，甲烷的低位发热量；$\dot{x}$，$\dot{y}$，$\dot{z}$（mol/s）分别为甲烷、一氧化碳、氢气的进口摩尔流量。

1.3.18.6　SOFC 燃料利用率计算模型

$$U_t = \frac{(\dot{z} + \dot{y} + 4\dot{x})_{reacted}}{(\dot{z} + \dot{y} + 4\dot{x})_{input}} \quad (1-206)$$

1.3.18.7　SOFC 热管理模型

化学反应和电流流经电阻释放出来的热量一部分被燃料电池自身固体材料吸收，一部分被燃料，空气和产物吸收，燃料电池热力学模型建立遵从如下假设：①由重整反应、水气转化反应、电化学反应和电流引起的热释放和吸收发生在每个电池的固体部分；②固体与气体之间的传热是通过对流传热实现的。不考虑固体部分与气体蒸汽之间的辐射传热；③忽略节点间的轴向导热传热；④每个电池的电压是相等的。

SOFC 每个电池单元的包括四部分：燃料通道内工质、SOFC 固体结构、空气通道内工质、SOFC 强制换热系统。上述四部分对应的温度分别为 T_f，T_s，T_{ar}，T_w。

SOFC 固体结构的温度为

$$M_s C_s \frac{dT_s}{dt} = Q_{gen} - Q_f - Q_{ar} - Q_w - W \quad (1-207)$$

其中，Q_{gen} 是 SOFC 内部产生的总热量，Q_f、Q_{ar}、Q_w 分别为向燃料、空气及强制换热系统的传热量热，W 为电功率。

Q_{gen} 主要包括蒸汽重整反应，水气变换反应，电化学反应放出的热量以及电流发热量，计算式如下：

$$Q_{gen} = -(\dot{x}_{recreated} \Delta h_r + \dot{y}_{recreated} \Delta h_{sh} + \dot{z}_{recreated} \Delta h_{ec}) + I^2 \sum R_i \quad (1-208)$$

$\dot{x}_{recreated}$，$\dot{y}_{recreated}$，$\dot{z}_{recreated}$ 分别为甲烷，一氧化碳，氢气的反应速率（kg/s），

Δh_{r}，Δh_{sh}，Δh_{ec} 分别为甲烷的水蒸气重整反应，水汽反应，氢气氧化反应的反应热（kJ/kg）。

对流换热量可以表示为

$$Q_f = \alpha_f A_f (T_s - T_f) \tag{1-209}$$

$$Q_{ar} = \alpha_{ar} A_{ar} (T_s - T_{ar}) \tag{1-210}$$

$$Q_w = \alpha_w A_w (T_s - T_w) \tag{1-211}$$

传热系数 α_f，α_{ar} 可由下式求出

$$\alpha = \frac{Nu k_c}{D_h} \tag{1-212}$$

其中，Nu 为努塞尔数，k_c 为导热系数，D_h 为水利直径。

1.3.19　太阳能集热器

太阳能辐照度计算：

$$P = P_0 \exp\left(\frac{-Z_{alt}}{8000}\right) \tag{1-213}$$

其中，P——当地压力，Pa；

P_0——海平面压力，Pa；

Z_{alt}——当地海拔高度，m。

$$m = \frac{\dfrac{P}{P_0}}{\sin\theta} \tag{1-214}$$

其中，m——光学空气质量数；

θ——太阳仰角。

$$\theta = \arcsin(\sin l_{at} \sin\delta + \cos l_{at} \cos\delta \cos\Omega) \tag{1-215}$$

其中，l_{at}——当地纬度，°；

δ——太阳赤纬角，°；

Ω——时角，°。

$$\delta = 23.45 \sin\left[\frac{2\pi(284 + n)}{365}\right] \tag{1-216}$$

其中，n——一年中的第几天。

$$\Omega = 15(ST - 12) \tag{1-217}$$

其中，ST——真太阳时角。

$$ST = LT + (l_{gt} - 120°)/15 \tag{1-218}$$

式中，l_{gt}——当地经度，°；

　　　LT——当地时间。

$$S_p = S_{p0}a^m \tag{1-219}$$

其中：S_p——与太阳光束垂直的平面上的辐射强度，W/m^2；

　　　S_{p0}——太阳常数，$1360W/m^2$；

　　　a——透射系数，常数，用来反映大气透过率的平均情况。

$$S_b = S_p \times \sin\theta \tag{1-220}$$

其中，S_b——平面直接照射的太阳辐射强度，W/m^2。

槽式太阳能集热器中导热油出口流体温度计算：

导热油出口流体温度 T_{out} 可由下式计算得出：

$$q_m = \frac{Q_{net}}{C_p(T_{out} - T_{in})} \tag{1-221}$$

$$Q_{net} = Q_{abs} - Q_{sun} - Q_{pipe} \tag{1-222}$$

$$Q_{abs} = I \cdot \eta_{th} \tag{1-223}$$

式中，q_m——导热油流量，kg/s；

　　　T_{in}——进口导热油温度，K；

　　　Q_{net}——净吸热量，W/m^2；

　　　Q_{abs}——太阳能集热器吸收的热量，W/m^2；

　　　Q_{sun}——太阳能集热器热损，W/m^2；

　　　Q_{pipe}——管路热损，W/m^2；

　　　I——太阳法向直射辐照度，W/m^2；

　　　η_{th}——热效率，%。

单位太阳能集热器的热损失可由经验公式得出：

$$Q_{sun} = a_0 + a_1 \cdot T + a_2 \cdot T^2 + a_3 \cdot T^3 + I \cdot (b_0 + b_1 \cdot T^2) \tag{1-224}$$

其中，T——导热油温度(℃)；

　　　I——太阳法向直射辐照度(W/m^2)；

　　　a，b——系数，具体见表1-4。

表 1-4 a、b 系数的选取

a_0	a_1	a_2	a_3	b_0	b_1
-9.463033	0.3029616	-0.001386833	$6.929243E-06$	0.07649610	$1.128818E-07$

管路的热损失由经验公式：

$$Q_{\text{pipe}} = 0.01693 \cdot \Delta T - 0.0001683 \cdot \Delta T^2 + 6.78 \times 10^{-7} \cdot \Delta T^3 \quad (1\text{-}225)$$

ΔT 为集热场平均温度与环境温度之间的温差，℃，由下式计算得出：

$$\Delta T = \frac{T_i + T_o}{2} - T_a \quad (1\text{-}226)$$

其中，T_i——集热场进口导热油温度，K；

$\quad\quad T_o$——集热场出口导热油温度，K；

$\quad\quad T_a$——环境温度，K。

1.3.20 厌氧消化池

根据厌氧消化池的能量变化与外界输入热量、热损之和相等，厌氧消化池内浆液温度的变化。

$$\rho_{\text{sub}} C_{\text{p\_sub}} V_{\text{sub}} \frac{\mathrm{d}T}{\mathrm{d}t} = \sum Q_{\text{ADV, feed-sub}} + \sum Q_{\text{RAD, sky-sub}} + \sum Q_{\text{IRR}}$$
$$+ \sum Q_{\text{CON, air-sub}} + \sum Q_{\text{CON, gr-sub}} + \sum Q_{\text{heatexchanger}} \quad (1\text{-}227)$$

其中，ρ_{sub}——厌氧消化池内基质的密度，kg/m^3；

$\quad\quad C_{\text{p\_sub}}$——基质的比热，$J/(kg \cdot K)$；

$\quad\quad V_{\text{sub}}$——厌氧消化池内基质的体积，$m^3$；

$\quad\quad Q_{\text{ADV, feed-sub}}$——流入基质与厌氧消化池内基质的对流换热量，kJ；

$\quad\quad Q_{\text{RAD, sky-sub}}$——厌氧消化池与外部空间之间的辐射换热量，kJ；

$\quad\quad Q_{\text{IRR}}$——厌氧消化池吸收太阳辐射的辐射量，kJ；

$\quad\quad Q_{\text{CON, air-sub}}$——外部空气和厌氧消化池的换热量，kJ；

$\quad\quad Q_{\text{CON, gr-sub}}$——地面和厌氧消化池的换热量，kJ；

$\quad\quad Q_{\text{heatexchanger}}$——系统在换热过程中获得的热量，kJ。

假定厌氧消化池壁对辐射有屏蔽作用，模型中包含了与外部空间的辐射传热：

$$Q_{RAD, sky-s} = \cfrac{\sigma(T_{sky}^4 - T_s^4)}{\cfrac{1-\varepsilon_{sky}}{A_{sky}\varepsilon_{sky}} + \cfrac{1}{A_{sky}F_{sky, c}} + \cfrac{1-\varepsilon_c(top)}{A_c\varepsilon_c(top)} + \cfrac{1-\varepsilon_c(bottom)}{A_c\varepsilon_c(bottom)} + \cfrac{1}{A_cF_{c, s}} + \cfrac{1-\varepsilon_s}{A_c\varepsilon_s}}$$

$$(1-228)$$

式中，σ ——Stefan-Boltzmann 常数，$5.67037 \times 10^{-8} W^{-2} K^{-4}$；

$\quad\quad\varepsilon_i$ ——物质的发射率；

$\quad\quad A_i$ ——物质的表面积，m^2；

$\quad\quad T_{sky}$ ——外部空间温度，K；

$\quad\quad T_s$ ——基质温度，K。

假设外部空间为黑体，$F_{c, sky} = 1$，将式(1-228)简化为

$$Q_{RAD, sky-s} = \cfrac{\sigma(T_{sky}^4 - T_s^4)}{\cfrac{1}{A_c} + \cfrac{1-\varepsilon_c(top)}{A_c\varepsilon_c(top)} + \cfrac{1-\varepsilon_c(bottom)}{A_c\varepsilon_c(bottom)} + \cfrac{1}{A_cF_{c, s}} + \cfrac{1-\varepsilon_s}{A_c\varepsilon_s}}$$

$$(1-229)$$

外部空间温度可以根据下式计算：

$$T_{sky} = 0.0552T_{air}^{3/2}$$

$$(1-230)$$

其中，T_{air} ——空气温度。

给定时间点的总太阳辐照度为水平面上的直接辐照度与水平面上的漫射辐照度之和：

$$S_{tot}(t) = S_b(t) + S_d(t)$$

$$(1-231)$$

其中，S_d ——水平面上的漫射辐射，W/m^2；

$\quad\quad S_{tot}$ ——总太阳辐照度，W/m^2。

反射辐射为太阳辐照度和表面反射系数的乘积：

$$S_r(t) = \Gamma S_{tot}(t)$$

$$(1-232)$$

其中，S_r ——反射辐射，W/m^2；

$\quad\quad\Gamma$ ——表面反射系数。

总太阳辐照通量为：

$$q''_{solar}(t) = S_{tot}(t) + S_r(t) = S_b(t) + S_d(t) + S_r(t)$$

$$(1-233)$$

其中，q''_{solar} ——总太阳辐照通量（W/m^2）。

$$Q_{IRR} = q''_{solar}A\eta$$

$$(1-234)$$

其中，A ——在太阳辐照下的表面积，m^2；

$\quad\quad\eta$ ——物质的吸收率。

入口基质与厌氧消化池内基质的对流换热量为：

$$Q_{\text{ADV, feed-sub}} = \dot{m}_{\text{feed}} C_{\text{p, sub}} (T_{\text{sub}} - T_{\text{feed}})$$ (1-235)

其中，$\dot{m}_{\text{feed}}$——入口基质的质量流量，kg/s；

T_{feed}——入口基质的温度，K；

T_{sub}——厌氧发酵池中已存在基质的温度，K。

空气、地面与厌氧消化池之间的换热包括对流换热与导热：

$$Q_{\text{CON}, i-j} = A_{i-j} U_{i-j} \Delta T$$ (1-236)

其中，A_{i-j}——元素 i 与 j 之间的换热面积，m^2；

U_{i-j}——总传热系数，$W/(m^2 \cdot K)$；

ΔT——元素 i 与 j 之间的温差，K。

对流换热热阻的计算方式为：

$$R_{\text{CNV}(i-j)} = \frac{1}{h_{i-j}}$$ (1-237)

其中，$R_{\text{CNV}(i-j)}$——元素 i 与 j 之间的对流换热热阻，$(m^2 \cdot K)/W$；

h_{i-j}——元素 i 与 j 之间的对流换热系数，$W/(m^2 \cdot K)$。

导热热阻的计算方式为：

$$R_{\text{CND}(i-j)} = \frac{\Delta x}{k}$$ (1-238)

其中，$R_{\text{CND}(i-j)}$——元素 i 与 j 之间的导热热阻，$(m \cdot K)/W$；

Δx——导热材料的厚度，m；

k——材料的导热系数，$W/(m \cdot K)$。

元素 i 与 j 之间的总传热系数可以根据下式计算：

$$U = \frac{1}{\sum_{i=1}^{n}(R_{\text{CNV}, i}) + \sum_{i=1}^{n}(R_{\text{CND}, i})}$$ (1-239)

本书采用修正 Gompertz 方程[1]计算 CH_4 产量：

$$B = B_0 \exp\left\{-\exp\left[\frac{\mu_{\max} e}{B_0}(\lambda - t) + 1\right]\right\}$$ (1-240)

[1] Baranyi J, Roberts T A. A dynamic approach to predicting bacterial growth in food[J]. International journal of food microbiology, 1994, 23(3-4): 277-294.

其中，B——累计 CH_4 产量，mL/g VS；

　　B_0——CH_4 生产潜力，mL/g VS；

　　μ_{max}——最大沼气生产速率，mL/g VS/day；

　　λ——生产沼气的最短时间，即迟滞期/天；

　　t——生产沼气的累积时间/天；

　　e——自然常数，2.718。

μ_{max}，λ 均为动力学参数，本书采用中温厌氧消化池，控制工作温度在 35～37℃，选择牛粪作为消化池基质。根据 Wang[1] 的实验数据，B_0 为 497.6/g VS，μ_{max} 为 33.3mL/天，λ 为 4.3 天，挥发性固形物（VS）消耗率为 18.4%。

1.3.21　光伏发电功率模型

光伏发电设备的发电功率不仅与光伏板的能源转换效率相关，还与光照辐射强度以及外界温度有关。光伏发电功率的数学模型为

$$P_{pv} = f_{pv} P_{r,pv} \frac{I}{I_s} [1 + \partial_p (t_{pv} - t_r)] \tag{1-241}$$

其中，P_{pv} 为光伏发电设备的发电功率，kW；f_{pv} 为光伏功率输出的能量转换效率，通常取 0.9；$P_{r,pv}$ 为标准条件光伏发电设备的额定输出功率，kW；I 为实际辐射强度，kW/m^2，I_s 为标准辐射强度，kW/m^2；∂_p 为温度功率系数，通常取 $0.0047℃^{-1}$；t_{pv} 为光伏模块的实际温度；t_r 为光伏模块的额定温度。

1.3.22　风力发电子系统数学模型

风机通过将风能转化为桨叶转动的动能，实现能量转化。风机的功率计算如下：

$$P = \frac{1}{2} \rho_a A V_v^3 C_p(\lambda, \omega) \tag{1-242}$$

$$C_p(\lambda, \omega) = 0.22 \left(\frac{116}{\lambda_i} - 0.4\omega - 5 \right) e^{\frac{-12.5}{\lambda_i}} \tag{1-243}$$

$$\lambda_i = \frac{1}{\left(\frac{1}{\lambda + 0.08\omega} - \frac{0.035}{\omega^3 + 1} \right)} \tag{1-244}$$

① Wang X, Lv X, Weng Y. Performance analysis of a biogas－fueled SOFC/GT hybrid system integrated with anode－combustor exhaust gas recirculation loops[J]. Energy, 2020, 197：117213.

其中，ρ_a——空气密度，kg/m^3；

$\quad$ A——风机转子旋转圆盘截面积，m^2；

$\quad$ C_p——风能利用系数，根据贝茨理论，风能利用系数的最大值为 0.593；

$\quad$ λ——叶尖速比；

$\quad$ ω——桨距角，°。

叶尖速比的计算方法为

$$\lambda = \frac{R \, \Omega_t}{V_v} \tag{1-245}$$

式中，R——叶片长度，m；

$\quad$ Ω_t——转子角速度，rad/s；

$\quad$ V_v——风速，m/s。

1.3.23　储能电池数学模型

储能电池是实现能量耦合以及需求响应的关键设备，其充电存入电能的数学模型为

$$SOC(t) = (1 - \delta_e) \cdot SOC(t-1) + P_{in} \cdot \Delta t \cdot \eta_{in}^e / E_{BD}^N \tag{1-246}$$

其释放电能的数学模型为

$$SOC(t) = (1 - \delta_e) \cdot SOC(t-1) - P_{out} \cdot \Delta t / (E_{BD}^N \cdot \eta_{out}^e) \tag{1-247}$$

其中，$SOC(t)$ 是第 t 个时间段结束时储能电池的剩余电量；$SOC(t-1)$ 是第 $t-1$ 个时间段结束时储能电池的剩余电量；δ_e 是蓄电池自身电能消耗率；P_{in} 是储能电池的电能存入功率，kW；P_{out} 是储能电池的电能释放功率，kW；η_{in}^e 是储能电池的电能存入效率；η_{out}^e 是储能电池的电能释放效率；E_{BD}^N 是储能电池的额定容量，kWh；

1.3.24　蓄热罐

水箱为控制体的能量平衡方程，等号右边：第一项是散热量，第二项是进入水箱的能量，第三项是离开水箱的能量。如下式：

$$\frac{\partial (u(t) \cdot m(t))}{\partial t} = -q_{hl, tank}(t) + m_{in} \cdot h(T_{in}) - m_{out} \cdot h(T(t)) \tag{1-248}$$

$$u(t) = c_{htf} \cdot (T(t) - T_{ref}), \, m(t) = m_0 + t \cdot (m_{in} - m_{out}) \tag{1-249}$$

$$q_{hl,\,tank}(t) = UA \cdot (T(t) - T_{amb}(t)),\ h(t) = c_{htf} \cdot (T(t) - T_{ref})$$

$$(1\text{-}250)$$

式中，$u(t)$ 为内能，kJ/kg；$m(t)$ 为质量流量，kg/s；t 为时间；$q_{hl,tank}$ 为散热量，kJ/s；m_{in} 为进入水箱的工质质量流量，kg/s；$h(T_{in})$ 为进入水箱的工质的比焓值(进口温度为 T_{in} 时)，kJ/kg；m_{out} 为离开水箱的工质质量流量，kg/s。c_{htf} 为工质的比热容，kJ/kg·℃；$T(t)$ 为储热罐内工质温度，℃；T_{ref} 为环境温度，℃。UA 为热交换系数，kJ/s·℃；$T_{amb}(t)$ 为环境温度，℃。

第2章

热经济学的热力学基础
——可用能分析

热是能量的一种形态，可以转化成其他形态的能量。人类文明就是利用热转换成其他形态的能量而发展起来的。热力学揭示了能量从一种形式转换为另一种形式时遵从的宏观规律，且热力学是总结物质的宏观现象而得到的热学理论，不涉及物质的微观结构和微观粒子的相互作用。因此它是一种唯象的宏观理论，在宏观维度具有高度的可靠性和普遍性。

热力学第一定律(the first law of thermodynamics)从"量"的属性上阐明了能量的守恒性，即能量在传递和转化过程中是守恒的，既不能被产生，也不能被破坏。热力学第二定律(the second law of thermodynamics)叙述了将热转换成机械功时转换效率(efficiency)的上限，从"质"的属性上揭示了能量的贬值性，即能量在传递和转化过程中具有"质"降低的特性。能量"质"降低的过程伴随着熵增和㶲减。能量不仅有数量，而且还有品质。

热力系通过系的物质分子运动的激烈程度变化，与外界进行热能和功的交换。热力系的可交换能量为热力学能，包括分子热运动的热能和分子间作用力产生的体积能以及分子组分变化的化学能，还包括热力系的物质分子宏观流动的动能和重力能等。热力系与外界的能量交换伴随着热力系的状态变化，因此，研究一个热力系拥有的热力学能包含多少，以及在外界环境的条件下转换成有用功的极限能力等问题至关重要。

近年来，可用能也称作有效能、可用度或"㶲"的概念在热力学和能源科学的领域里应用日益广泛。其作为一种评价能量价值的参数，从"量"与"质"的结合上规定了能量的"价值"，在热力学和能源科学中可采用该参数单独评价能量价值的问题，为热工分析提供了便捷的工具，深刻的揭示了能量在转换过程中变质退化的本质，为合理用能指明了方向。

在此之前，人们通常从能量的数量来评价能的价值，很少考虑所消耗的是什么样的能量。实际上，各种不同形态的能量，其动力利用的价值差异较大。例如海洋，虽然具有无限的热能(从数量上看)，但却不能转换成有用的功，否则将违反热力学第二定律，因为其"质"为零。即便同一形态的能量，在不同条件下，也具有不同的做功能力。例如同样是1000kJ的热量，在100℃下的做功能力大约只是800℃下的1/3。可见能量有质的区别，不能只从数量的多少来评价能量的价值。"焓"与"内能"虽然具有"能"的含义和量纲，但它们并不能反映出能的质量。而"熵"与能的"质"有密切关系，但却不能反映能的"量"，也没有直接规定能的"质"。为了合理利用能，就需要用一个既能反映数量又能反映各种能量之间"质"

的差异的统一尺度。

2.1 热力学势能和能势

2.1.1 热力学势能（potential energy）

由相互作用的物体之间的相对位置，或由物体内部各部分之间的相对位置所确定的能叫做"势能"，亦称"位能"。热力学势能是系所处的状态相对于某个稳定的平衡态所具有的相对能量，该能量能够在向稳定平衡态变动的过程中得到释放，并对外界做功或转化为其他形式的能量。

势能是标量，势能函数通常采用势强度参数和广延参数的乘积来表示。或者说势能函数包含三个要素：①所论系的物质量，例如质量 m ；②所论系具有使系向平衡态变化的驱动势，也称为势强度参数（力强度参数）X ；③所论系的势强度参数所能影响的比物理量 j ，也称为与势强度参数对应的比强度参数。

广延参数为物质量与比强度参数的乘积，例如 mj 。因此，势能的表征也必然包含这三要素。

在热力系中，质量 m 是能量的载体，单位为 kg；势强度参数 X 是表征潜在的驱使物质运动的作用力大小。因为对物质的不同粒子的作用力有不同形式，所以当然要使用不同形式的势强度参数，具体使用时 X 的符号和单位也就不相同。例如，物质分子热运动的势强度参数用热力学温度 T 表示，单位为 K；物质分子体积力的势强度参数用压力 p 表示，单位为 Pa，$1Pa = 1N/m^2 = 1kg/(m \cdot s^2)$。因此，势强度参数 X 没有统一的单位；物质与势强度参数对应的比强度参数为物性参数，也没有统一的单位。例如，对应于 T 的比强度为比熵 s，单位为 $kJ/(kg \cdot K)$ 与 c_p 的单位相同，压力 p 所对应的比强度参数为比体积 V 或密度 ρ 的倒数，单位为 m^3/kg。比强度参数与物质量的乘积 mj ，称为广延参数或尺度参数，不同形式的广延参数没有统一的单位，在不可逆热力学中记做 $J = mj$ ，称为流函数。在不同形式的能量中，J 有不同的具体形式，如在热能表征中具体为熵 S ，在体积能表征中为体积 V 。

势强度参数、比强度参数和质量三者的乘积 Xmj ，或乘积 XJ 或乘积 me_p 都有相同的能量单位 kJ，它们的乘积都可以表示势能 E_p 。

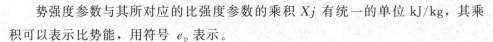
势强度参数与其所对应的比强度参数的乘积 Xj 有统一的单位 kJ/kg，其乘积可以表示比势能，用符号 e_p 表示。

在具体表征势能 E_p 和比势能 e_p 时，首先需要选定势能的参考基准。

2.1.2　基准状态

势能相对的基准必定是一种稳定的平衡态。一般系统达到稳定平衡时，热平衡稳定条件和力平衡稳定条件都应得到满足，且系统处于平衡态时系统内部力与外界作用力必定是平衡的。因此，外界的条件影响着系统的平衡态，即有关能量的转换过程通常是在周围的自然环境中进行的。系统所处的状态与周围环境状态之间的不平衡性促使系统状态发生变化，自发地变化到与环境相平衡的稳定状态。当系统的状态与环境相平衡时，系统贮存的能量完全丧失了转换为有用功的能力。于是，人们常把处于周围自然环境状态时的系统状态作为计算有用功的基准状态。实际的自然环境是经常变化的，但为了有一个共同的比较标准，往往理想化地把周围环境看作具有不变压力、不变温度、不变化学组成并处于平衡状态的庞大物系，环境以外的任何影响都不会改变它的势强度参数。大气、海水、地表面是常见的周围环境，计算有用功时，它们都被视为处于基准状态，具有一定的势强度参数值。把系统与周围环境处于热力平衡的状态称为系统的环境状态，统一用下角标"0"表示其状态参数，如环境压力 p_0、环境温度 T_0、环境比体积 V_0、环境比熵 s_0 等。

系统与环境处于热力平衡，可以是包括热平衡、力平衡、化学平衡等各项在内的完全的热力平衡，也可以是仅包括部分项目的不完全的热力平衡。在进行能量的可用性分析研究时，究竟采用完全的热力平衡的环境状态还是不完全的热力平衡的环境状态，要根据所研究的问题的性质而定。一般情况下，如果能量转换过程中不涉及几种物质的混合、分离和化学反应时，只要考虑系统与环境处于热平衡和力平衡即可。在本书分析中，没有特别指明的系统的平衡态都只考虑系统与环境处于热平衡和力平衡即可。所谓的力平衡，是压力平衡，不考虑地球引力、磁场力和电场力的作用。当系统做宏观运动时，参照的环境状态是相对静止的，由于不考虑引力势能，故认为系统与环境处在同一水平高度上。

物理学和热力学经常选取势参数 $X=0$ 点为基准，例如热力学温度 $T=0K$，绝对真空压力 $p=0Pa$，电场中离电场发生源无穷远处电势 $U=0V$，海平面的高度 $h=0m$ 等。$X=0$ 点称为绝对基准。尽管绝对基准状态的平衡态是无法实现的，它仅是理想极限平衡态，但是绝对基准的引用能使能量计算表征严格且简便，因此仍然广泛采用。

2.1.3　绝对基准比势能

将取 $X=0$ 为基准的热力学能量定义为热力学能的绝对势能，其表达式为

$$E_p = Xjm = XJ = me_p \tag{2-1}$$

其中，e_p 为绝对比势能，有

$$e_p = \frac{E_p}{m} = Xj \tag{2-2}$$

为简便表示，以下采用表征单位质量系统的比能量状态。

温度为 T 的热源其热能的绝对比势能记为 $e_{p,T}$，有

$$e_{p,T} = Ts \tag{2-3}$$

压力为 p 的压缩气源其绝对体积比势能记为 $e_{p,p}$，有

$$e_{p,p} = pv \tag{2-4}$$

如果热力系含有多种形式的能量，可以按照平衡态热力学的能量关系式表示系统的总比势能。

无组分变化的闭口系在热平衡和力平衡态时的比势能记为 $e_{p,U}$，即比热力学能 u，有

$$e_{p,U} = u = Ts - pv \tag{2-5}$$

稳定流开口系的比势能记为 $e_{p,H}$，即比焓 h，有

$$e_{p,H} = h = Ts + pv \tag{2-6}$$

2.1.4　环境基准比势能

以环境平衡态为计量基准的比势能称为环境基准比势能，用符号 $e_{p(0)}$ 表示，有

$$e_{p(0)} = e_p - e_{p,0} = Xj - X_0 j_0 \tag{2-7}$$

比势能 $e_{p(0)}$ 是系统任意平衡态对环境平衡态的绝对比势能差，$e_{p,0}$ 是系统在环境平衡态的绝对比势能。

系统在 1 和 2 两个平衡态之间的比势能差值用 $e_{p(1-2)}$ 表示，有

$$e_{p(1-2)} = e_{p,1} - e_{p,2} = e_{p(0),1} - e_{p(0),2} = X_1 j_1 - X_2 j_2 \tag{2-8}$$

如果系统含有多种形式的能量，应当按照热力学的能函数，给出所论系统的

比势能表达式。

闭口系比势能用比热力学能 $u_{(0)}$ 表示，在不考虑系统组分的化学势作用时，有

$$u_{(0)} = u - u_0 = (Ts - pv) - (T_0 s_0 - p_0 v_0) \tag{2-9}$$

开口系比势能用比焓 $h_{(0)}$ 表示，在不考虑系统组分的化学势作用时，有

$$h_{(0)} = h - h_0 = (Ts + pv) - (T_0 s_0 + p_0 v_0) \tag{2-10}$$

2.2　能量的价值与分类

能量的"质量"高低是在能量转换的过程中表现出来的。机械能和电能可无限度地完全转换成内能和热量，但内能和热量并不能无限度地、连续地转换为机械能。按照热力学第二定律，若以能量的转换程度作为一种尺度，则可划分为下列三类不同质的能量。

(1)可无限转换的能量，指理论上可百分之百地转换为其他能量形式的能量，如机械能、电能、水能、风能等，它们是技术和经济上最为宝贵的"高级能量"。高级能量从本质上说是完全有序的能量。因此，各种高级能量之间理论上能够彼此完全转化，它们的"质"与"量"完全统一。

(2)可有限转换的能量，如热能、焓、化学能等，其转换为机械能、电能的能力受热力学第二定律的限制。即使在极限情况下，也只有其中的一部分可转换为机械功。由于这类能量从本质上讲只有部分是有序的，因而只有有序的部分才能转换为其他能量形式，这类能量称为"低级能量"。

(3)不可转换的能量，如环境介质的热力学能，根据热力学第二定律，它们虽然可以具有相当的"数量"，但在一定的环境条件下，却无法利用其来转换成可利用的机械功，因而其"质"为零。

2.3　可用能和无用能

各种形态的能量，转换为"高级能量"的能力并不相同。若以这种转换能力为尺度，就可以评价各种形态能量的优劣。但是转换能力的大小与环境条件有关，

还与转换过程的不可逆程度有关。

热力学对可用能的定义是：在周围环境条件下，存储于系统中能够最大限度地转变为有用功的那部分能量称为该能量的可用做功能，通常简称为可用能（available energy），用符号 E_u 表示，单位为 J。

南斯拉夫学者朗特许把与"可用能"有相同定义的能量称为"有效能"或"exergy"。1957 年民主德国专家诺·艾勒斯纳来华讲学时首次介绍"exergy"的概念，当时的南京工学院动力工程系的老师将其翻译为㶲，并被广泛使用。

本书采用可用能术语，因为它含义明确。可用能的另一种表述是，系统通过任意过程达到与大气热力学性质平衡态的最终态时所能得到的最大有用功，称为所论系统可用能。单位质量的可用能称为比可用能，符号记为 e_u，单位为 J/kg。

因为只有可逆过程才有可能进行最完全的转换，所以可以认为可用能是在给定的环境条件下，在可逆过程中，理论上所能做出的最大有用功或消耗的最小有用功。㶲是一个受系统和环境二者的组合状态影响的状态量，它的值是系统状态相对于一个称作"基准状态"的值。"基准状态"指的环境状态，通常指的是常温常压状态。尽管有取之不竭的大气，但这些常温常压的大气毫无做功能力，即㶲值为零，故"基准状态"被当作度量可用能数值的基准。

与此相应，将系统中不能转换为有用功的那部分能量称为"无用能"（unavailable energy），无效能或"㶢"（anergy）。

任何能量 E 均由可用能（E_x）和无用能（A_n）所组成，即

$$E = E_x + A_n \tag{2-11}$$

可无限转换的能量，例如电能的无用能为零；而不可转换的能量，例如环境介质的可用能为零。

2.4　可用能和无用能的几点说明

(1)可用能和无用能的总量保持守恒，即遵循能量守恒原理。

(2)无用能不能转换为可用能，否则将违反热力学第二定律。

(3)可逆过程不出现能的贬值变质，所以可用能的总量保持守恒。

(4)在一切实际不可逆过程中，不可避免地发生能的贬值，可用能将部分"退

化"为无用能，称为可用能损失或㶲损失。因为这种退化是无法补偿的，所以可用能损失才是能量转换中的真正损失。

(5)孤立系统的可用能值不会增加，只能减少，至多维持不变。这称为孤立系统可用能减少原理，所以与熵一样，可用作自然过程方向性的判据。

2.5　可用能平衡与可用能效率

通常的能量平衡和能量转换效率不能反映出可用能的利用程度，因而引入可用能效率概念，可用能效率与能量转换效率有类似的定义，所不同的是收益可用能与支付可用能的比值。

对于稳态、稳流过程，所谓可用能平衡，指的是进入该系统的各种可用能之总和应该等于离开系统的各种可用能与该系统内产生的各种可用能损失的总和，可用能损失也就是做功能力损失。

2.6　比可用能和比无用能

可用能为环境基准势能中的一部分，比势能中包含了比可用能 e_u 和不能做功的比无用能 e_n。因此，根据比势能定义式可导出比可用能和比无用能的表达式：

$$e_{p(0)} = e_p - e_{p,0} = Xj - X_0 j_0 = (X - X_0)j + X_0(j - j_0) \quad (2\text{-}12)$$

其中，单一形式的比可用能 e_u 的一般表达式为基准势强度差值 $X - X_0$ 与所论状态的比强度参数 j 的乘积，即：

$$e_u = (X - X_0)j \quad (2\text{-}13)$$

单一形式的比可用能 e_n 的一般表达式为环境基准平衡态的势强度 X_0 与系统的所论状态相对于基准状态的比强度参数差值 $j - j_0$ 的乘积，即

$$e_n = X_0(j - j_0) \quad (2\text{-}14)$$

2.6.1　温度为 T 的热源热能的比可用能 $e_{u,T}$ 和比无用能 $e_{n,T}$

温度为 T 的热源热能的比可用能记为

$$e_{u,T} = (T - T_0)s \qquad (2\text{-}15)$$

$$e_{u,T} = \left(1 - \frac{T_0}{T}\right)Ts = \eta_c q \qquad (2\text{-}16)$$

其中，η_c 为卡诺热机效率，q 为系统的热量变化量。式(2-16)证明式(2-15)所表征的热能比可用能是正确的。

温度为 T 的热源热能的比无用能记为 $e_{n,T}$

$$e_{n,T} = T_0(s - s_0) \qquad (2\text{-}17)$$

无用能的物理实质是在环境温度为 T_0 时，系统与环境交换的净热量，这些热量都是无用的非功类能。

2.6.2 压力为 p 的压缩气源的比可用能 $e_{u,p}$ 和比无用能 $e_{n,p}$

压力为 p 的压缩气源的体积能的比可用能记为 $e_{u,p}$

$$e_{u,p} = (p - p_0)v \qquad (2\text{-}18)$$

体积能的比无用能记为 $e_{n,p}$

$$e_{n,p} = p_0(v - v_0) = -p_0(v_0 - v) = -w_j \qquad (2\text{-}19)$$

其中，$e_{n,p}$ 即为消耗的挤压功量。

如果系统含有多种形式的能量，可以按照热力学的能函数，由所论能函数的环境基准比势能表达式求出其比可用能和比无用能。以下推导无组分变化系的比有可用和比无用能。

2.6.3 闭口系的比可用能 $e_{u,U}$ 和比无用能 $e_{n,U}$

由闭口系的环境基准比势能 $u_{(0)}$ 可求出 $e_{u,U}$ 和 $e_{n,U}$，其中，

$$\begin{aligned}
u_{(0)} &= u - u_0 \\
&= [(T - T_0)s - (p - p_0)v] + [T_0(s - s_0) - p_0(v - v_0)] \\
&= e_{u,U} + e_{n,U}
\end{aligned}$$

$$(2\text{-}20)$$

闭口系的相对比可用能 $e_{u,U}$ 的数学表达式为

$$e_{u,U} = (T - T_0)s - (p - p_0)v = e_{u,T} - e_{u,p} \qquad (2\text{-}21)$$

$$\begin{aligned}
e_{u,U} &= u - u_0 - T_0(s - s_0) + p_0(v - v_0) \\
&= (u - T_0 s + p_0 v) - (u_0 - T s_0 + p v_0) \\
&= \psi_{u,U} - \psi_{u,U,0}
\end{aligned}$$

$$(2\text{-}22)$$

其中，$\psi_{u,U}$ 定义为闭口系的绝对比可用能函数，其数学表达式为

$$\psi_{u,U} = u - T_0 s + p_0 v \qquad (2\text{-}23)$$

用 $\psi_{u,U}$ 表示闭口系的状态点 i 的绝对比可用能时，只需在符号 $\psi_{u,U}$ 中添加下角标的序号 i 表示即可，例如，状态点序号为 1，则：$\psi_{u,U,1} = u_1 - T_0 s_1 + p_0 v_1$；$\psi_{u,U,0}$ 为环境状态点的可用能函数，$\psi_{u,U,0} = u_0 - T_0 s_0 + p_0 v_0$。

$\psi_{u,U,0}$ 只有相对于绝对 0K 时才有量值，相对于环境为 0。因此，函数 $\psi_{u,U}$ 是闭口系的绝对比可用能函数，而函数 $e_{u,U}$ 则为闭口系的相对比可用能函数，二者在计算中的效果相同。由于热力学的状态参数 T、p、s、v 都取绝对零为基准，所以使用绝对比可用能函数在热力性能分析中会更方便些。但是应当记住，可用能是与环境有关的准状态参数。另外，如果分析的热力系的工质的量不是单位质量，那么有关比可用能的函数就自动转为可用能的函数，并自动使用大写字母表示，把这作为默认约定，以下不再另外说明，同时也只推导单位质量物系的相关公式。

闭口系的比无用能 $e_{n,U}$ 的数学表达式为

$$e_{n,U} = T_0(s - s_0) - p_0(v - v_0) = e_{n,T} - e_{n,p} \qquad (2\text{-}24)$$

$$e_{n,U} = (T_0 s - p_0 v) - (T_0 s_0 - p_0 v_0) = \psi_{n,U} - \psi_{n,U,0} \qquad (2\text{-}25)$$

参照式(2-21)，可将其定义为闭口系的无用能函数

$$\psi_{u,U} \equiv T_0 s - p_0 v \qquad (2\text{-}26)$$

把式(2-26)代入式(2-21)，得

$$\psi_{u,U} = u - \psi_{n,U} \qquad (2\text{-}27)$$

或

$$u = \psi_{u,U} + \psi_{n,U} \qquad (2\text{-}28)$$

式(2-28)说明，闭口系的比热力学能 u 的函数值是闭口系的绝对比可用能函数和比无用能函数值之和。

2.6.4 开口系的比可用能 $e_{u,H}$ 和比无用能 $e_{n,H}$

由开口系的环境基准比焓 $h_{(0)}$ 和 $u = Ts - pv$ 的关系可求出 $e_{u,H}$ 和 $e_{n,H}$，其中，

$$h_{(0)} = h - h_0 = (u + pv) - (u_0 + p_0 v_0)$$
$$= (T - T_0)s + T_0(s - s_0) = e_{u,H} + e_{n,H} \qquad (2\text{-}29)$$

根据式(2-29)的 $e_{u,H}$ 的定义式，开口系的比可用能定义为

$$e_{u, H} = (T - T_0)s \tag{2-30}$$

$e_{u, H}$ 又称为开口系比可用能的函数，$e_{u, H}$ 与热能比可用能相等，$e_{u, H} = e_{u, T}$，通过式(2-29)的变换得到 $e_{u, H}$ 另一种数学表达式

$$e_{u, H} = h - h_0 - T_0(s - s_0) \tag{2-31}$$
$$= (h - T_0 s) - (h_0 - T_0 s_0) = \psi_u - \psi_{u, 0}$$

仿照式(2-23)，ψ_u 定义为开口系的绝对比可用能函数，有

$$\psi_u \equiv h - T_0 s \tag{2-32}$$

由于开口系为工程中的主流热力系统，为书写简便，式(2-32)定义的开口系绝对比可用能函数不添加下角标"H"表示，ψ_u 的使用和约定参照闭口系 $\psi_{u, U}$ 的约定。

开口系的比无用能 $e_{n, H}$ 为：

$$e_{n, H} = T_0(s - s_0) \tag{2-33}$$

$e_{n, H}$ 与热能比无用能相等，$e_{n, H} = e_{n, T}$。开口系的绝对比无用能函数 ψ_n 定义为

$$\psi_n = T_0 s \tag{2-34}$$

把式(2-34)代入式(2-32)，得

$$\psi_u = h - \psi_n \tag{2-35}$$

或

$$h = \psi_u + \psi_n \tag{2-36}$$

2.6.5　温度为 T_c 的冷源热量的可用能

由于温度低于环境温度的冷源热能的环境基准比势能为负值，而有用功是所论冷源与环境热源组成的热力系统能够做的功，其做功量是正值，可用能函数是要表达所论系的能量做最大有用功的能力，所以有冷源的热量比可用能 $e_{u, Tc}$ 上与热源热能的比可用能 $e_{u, T}$ 的表达式有负正号的差别：

$$e_{u, Tc} = -(T_c - T_0)s = (T_0 - T_c)s \tag{2-37}$$

$$e_{u, T} = \left(\frac{T_0}{T_c} - 1\right)T_c s = \left(\frac{T_0}{T_c} - 1\right)q_c = \varepsilon_c q_c \tag{2-38}$$

2.6.6　变温热源热量的可用能

有限热容热源从温度 T_1 变化到 T_2 的热量，其每提供少量热能后温度就下降

一点，例如，储热水箱的水温会随输出热能不断降低，此后输出热能的可用能含量就不断降低，其比可用能的微分式为

$$de_{u,T} = d\left[(T - T_0)s\right] = d(Ts) - T_0 ds \qquad (2\text{-}39)$$
$$= dq - T_0 ds$$

由积分式求出从平衡态 1 到平衡态 2 区间的总体平均比可用能 $\tilde{e}_{u,T}$，即

$$\tilde{e}_{u,T} = \int_1^2 de_{u,T} = \int_1^2 dq - T_0 \int_1^2 ds = (q_2 - q_1) - T_0(s_2 - s_1) \qquad (2\text{-}40)$$

如果系统的比定压热容不变，$dq = d(Ts) = c_p dT$，$ds = c_p dT/T$ 代入式（2-40）得：

$$\tilde{e}_{u,T} = (T_2 - T_1)c_p - T_0 c_p \ln\left(\frac{T_2}{T_1}\right) = q_{1,2}\left[1 - \frac{T_0}{T_2 - T_1}\ln\left(\frac{T_2}{T_1}\right)\right] \qquad (2\text{-}42)$$

2.7　有用功及最大比有用功

2.7.1　有用功

在讨论不同形式能量转换为功的能力时，人们更关心实际能获得的功，工程热力学把技术上有用的可以输送给"功源"的功称为有用功，用符号 w_x 表示，比有用功用小写的符号 w_u 表示。

有用功与闭口系的轴功相当，也与开口系的技术功相当。所谓"功源"是一种可以对热力系统做功或从热力系统接收功的物体或装置，它与系统之间只以功的形式传递能量，并且在传递过程中没有功能损失。例如，可以把一个重物看作一个功源，当系统对功源做功时重物被举起，当功源对系统做功时重物落下，重物上升和下降过程没有摩擦等能量损失。

2.7.2　最大比有用功

当系统从任意平衡态状态变化到环境平衡态时，单位质量系统输送给功源的最大功量称作最大比有用功，用符号 $w_{u,\max(0)}$ 表示。最大比有用功也即系统相对于环境平衡态的比可用能。

更具体地说，在符合下列三个条件的过程中系统做出的功量称为最大有用

功：①只有环境为热源；②系统从给定状态进行可逆过程；③进行到与环境达到热力平衡状态 p_0 及 T_0 时为止。为叙述简便起见，符合上述三个条件的过程，称为理论转变过程(通常由定熵和可逆定温 T_0 过程组成)。

2.7.3 一般最大比有用功

当系统从平衡态 1 到平衡态 2 的有限变化中，单位质量系统可以输送给功源的最大有用功，称为一般最大比有用功，用符号 $W_{u,max}$ 表示。

三个有用功之间的关系是

$$w_{u,max,1-2} = w_{u,max(0),1} - w_{u,max(0),2} \tag{2-43}$$

$$w_{u,1-2} = w_{u,max,1-2} - T_0 \Delta s_g \tag{2-44}$$

$$w_{u,max(0)} = e_u \tag{2-45}$$

显然，如果式(2-45)成立，则可以利用可用能函数对热力系统进行性能分析。为此，对闭口系和开口系的有限变化的一般最大比有用功和最大比有用功采用另外的方法进行分析，以证明式(2-45)成立。

2.7.3.1 闭口系有限变化的一般最大有用功和最大有用功

考察如图 2-1(a)所示的闭口系和环境(压力 p_0，温度 T_0)组成的孤立系。

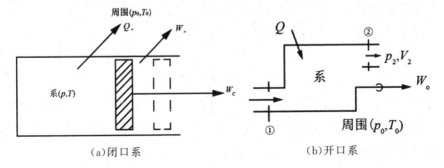

图 2-1 最大功

在没有与其他热力系存在热交换的前提下，作业工质从状态 1 变化到状态 2 对周围做的功 $W_{u,1-2}$，记作 W_c，并可表示为

$$W_{u,1-2} = W_c = U'_1 - U'_2 = U_1 - U_2 + U_{01} - U_{02} \tag{2-46}$$

其中，U'_1 和 U'_2 分别表示孤立系在作业工质状态变化前、后的热力学能；U_1 和 U_2 分别表示作业工质状态变化前、后的热力学能；U_{01} 和 U_{02} 分别表示周围环境在作业工质状态变化前、后的热力学能。

一般情况下，做功工质的体积从 V_1 增加到 V_2 时，为抵抗周围压力消耗的功 W'' 为有限无用功：

$$W'' = W_j = p_0(V_2 - V_1) \tag{2-47}$$

其中，W'' 也称为有限挤压功，许多场合也记作 W_j。另外，把工质传给周围的热量记作 Q''。考察周围环境，其热力学能从 U_{01} 增加到 U_{02} 是由 W'' 和 Q'' 提供的。假定周围的变化是可逆的，有下面所示的关系成立：

$$U_{01} - U_{02} = -Q'' - W'' = -T\Delta S_0 + p_0(V_1 - V_2) \tag{2-48}$$

其中，ΔS_0 为周围熵的变化量，即 $\Delta S_0 = S_{02} - S_{01}$。把上式代入式(2-46)得：

$$W_{u,1-2} = W_c = U_1 - U_2 - T_0\Delta S_0 + p_0(V_1 - V_2) \tag{2-49}$$

式(2-48)中的 ΔS_0 应转化为工质的熵的变化量来表示，利用孤立系全体熵增量 ΔS_g 的关系：

$$\Delta S_g = \Delta S_0 + S_2 - S_1 \geqslant 0 \tag{2-50}$$

其中，S_1 和 S_2 分别为作业工质变化前后的熵。把式(2-50)代入式(2-49)得到：

$$W_{u,1-2} = W_c = U_1 - U_2 - T_0(S_1 - S_2) + p_0(V_1 - V_2) - T_0\Delta S_g \tag{2-51}$$

当 $\Delta S_g = 0$，即系统可逆变化时做功值为最大。把闭口系作业工质从状态 1 变化到状态 2 的最大做功量称作闭口系的一般最大有用功 $W_{u,max,1-2}$，另记为 $W_{uc,max,1-2}$，则

$$W_{uc,max,1-2} = U_1 - U_2 - T_0(S_1 - S_2) + p_0(V_1 - V_2) \tag{2-52}$$

由式(2-49)把状态 2 换作环境状态，可得

$$W_{u,max(0)} = W_{uc,max(0)} = (U - U_0) - T_0(S - S_0) + p_0(V - V_0) \tag{2-53}$$

其中，下角标"0"表示系统变化到周围环境平衡态的对应值，系统初始状态非特定，去掉下角标"1"。把热力学关系式 $U = TS - pV$，$U_0 = T_0S_0 - p_0V_0$ 代入上式，并转换为比最大有用功表达式为

$$W_{u,max(0)} = W_{uc,max(0)} = (u - u_0) - T_0(s - s_0) + p_0(v - v_0) = e_{u,U}$$
$$\tag{2-54}$$

式(2-54)的结果与比可用能式(2-21)完全一致。用比可用能函数表示的闭口系的一般最大比有用功则与式(2-22)完全一致，得

$$W_{uc,max(0)} = \psi_{u,U} - \psi_{u,U,0} \tag{2-55}$$

闭口系作业工质的状态从状态 1 变到状态 2 时做功为

$$W_{c,1-2} = w_{uc,max} - T_0\Delta s_g = e_{u,U,1} - e_{u,U,2} - T_0\Delta s_g \tag{2-56a}$$

$$W_{c,1-2} = w_{uc,max} - T_0\Delta s_g = \psi_{u,U,1} - \psi_{u,U,2} - T_0\Delta s_g \tag{2-56b}$$

2.7.3.2　开口系有限变化最大有用功

如图 2-1(b)所示为定常流动系，对外输出功 $W_{u,1-2}$ 另记为 W_o（也即技术功 W_t 包括了轴功），如果忽略进出口作业工质的动能和位能的差别（则看作为净功 W_{net}），其热力学第一定律关系为 $dH = TdS + Vdp$，或积分式：

$$W_{u,1-2} = W_o = H_1 - H_2 + Q \tag{2-57}$$

当周围的变化为可逆变化时，$Q = -T_0 \Delta S_0$，另外，这种情况下孤立系熵增关系式也适用。所以，式(2-57)可表示为

$$W_{u,1-2} = W_o = H_1 - H_2 - T_0(S_1 - S_2) - T_0 \Delta S_g \tag{2-58}$$

因此，把开口系从状态 1 变化到状态 2 的最大做功量称作开口系的一般最大有用功 $W_{u,max,1-2}$ 和最大比有用功 $w_{u,max,1-2}$ 又记作 $W_{uo,max,1-2}$ 和 $w_{uo,max,1-2}$，分别为

$$W_{u,max,1-2} = W_{uo,max} = H_1 - H_2 - T_0(S_1 - S_2) \tag{2-59}$$

$$w_{u,max,1-2} = w_{uo,max} = e_{u,H,1} - e_{u,H,2} = \psi_{u,1} - \psi_{u,2} \tag{2-60}$$

开口系的最大有用功 $W_{u,max(0)}$ 另记为 $W_{uo,max(0)}$，由式(2-57)可得

$$W_{u,max(0)} = W_{uo,max(0)} = H - H_0 - T_0(S - S_0) \tag{2-61}$$

把上式变化为开口系的最大比有用功得

$$w_{u,max(0)} = w_{uo,max(0)} = h - h_0 - T_0(s - s_0) \tag{2-62}$$

式(2-62)与由开口系的比可用能 $e_{u,H}$ 表达式(2-31)完全一样。这又证明了势能理论和最大有用功定义的可用能概念是等效的，并诠释了可用能就是热力系某个状态具有的潜在做最大有用功的能量。

2.7.3.3　冷源冷量的最大比有用功

温度为 T_c 的冷源所提供的冷量，q_c 是作为吸收冷源与环境热源系统排放热量 q'_c 的平衡热量，二者数量相等，正负号相反，即 $q'_c = -q_c$，据热力学第二定律，有下面关系成立：

$$\frac{q_0}{T_0} + \frac{q'_c}{T_c} = 0 , \qquad q_0 = \frac{T_0}{T_c} q_c$$

所以，冷量 q_c 的比可用能为 $w_{u,max(0),T_c}$ 为

$$w_{u,max(0),T_c} = e_{u,T_c} = \left(\frac{T_0}{T_c} - 1\right) q_c = \frac{q_c}{\varepsilon_c} = \left(1 - \frac{T_0}{T_c}\right) q_0 \tag{2-62}$$

T_c 越低，$W_{u, max(0), T_c}$ 就越大；反过来说，制冷时就要消耗功，制取的冷量温度越低，消耗的功能就越大。

2.7.3.4 变温热源热量的最大有用功 $W_{uq, max(0)}$

在储热和蓄冷中，会遇到热源或冷源的温度变化，例如从太阳能储热箱中取热做功，储热箱储热材料的温度会随取出的热量不断降低，储热材料从温度 T 降低到 T_0 的最大比有用功 $W_{uq, max(0)}$ 为：

$$W_{uq, max(0)} = e_{u, T} = \int_{T_0}^{T} \left(1 - \frac{T_0}{T}\right) dq \tag{2-63a}$$

如果储热材料的比热容不随温度改变，则：

$$W_{uq, max(0)} = (T - T_0) c_p - T_0 c_p \ln \frac{T}{T_0} \tag{2-63b}$$

2.8 定温过程的功函数——亥姆霍兹自由能 F

2.8.1 亥姆霍兹函数推导

通常，化学反应总是在等温、等温等压或等温等容积的条件下进行的，在这种特定的条件下，可以考虑引进不依赖于环境条件的功函数。亥姆霍兹（Von Helmholtz）和吉布斯（Gibbs）分别定义了两个状态函数：亥姆霍兹自由能 F 和吉布斯自由能 G。这两个自由能的函数都是辅助函数，借助于这两个辅助函数来解决变化中有关热效应的问题会方便得多。

亥姆霍兹自由能是在讨论等温过程 $T_1 = T_2 = T_0$ 条件下引入的一个功函数。据热力学第一定律和熵的定义有：

$$dU = T dS - \delta W$$

或可将其表示为功函数：

$$-\delta W = dU - T dS$$

又因为在体系的最初与最后，温度和环境的温度相等，有 $T_1 = T_2 = T_0$，则上式可改写为

$$\delta W = -d(U - TS) \tag{2-64}$$

因为 $U-TS$ 各项都是状态参数，所以可以合并为新的状态参数 F，并用函数式表示为

$$F=U-TS \tag{2-65}$$

式(2-65)为霍姆霍兹自由能函数的定义式。单位质量的比霍姆霍兹自由能函数为

$$f=u-Ts \tag{2-66}$$

其定义条件是最初与最后温度相等。于是，式(2-64)可写为 $\delta W=-\mathrm{d}F$

对上式两端进行积分，得：

$$W=(U_1-U_2)-T(S_1-S_2)=F_1-F_2=-\Delta F \tag{2-67}$$

由上可知，亥姆霍兹自由能是功函数。

2.8.2　定温过程的总功函数与环境基准势能

式(2-67)中的 W 是在等温可逆变化过程中体系所做的一切功的总和。利用关系 $u=Ts-pv$ 和约定的 $T=T_0$，得：

$$w=(u-u_0)-T(s-s_0)=-pv-T_0s_0+p_0v_0+Ts_0 \tag{2-67}$$

$$=-pv-p_0v_0=-\Delta f_{(0)}=-e_{\mathrm{p}(0),p}$$

据环境基准比势能的一般式(2-67)，体积能的环境基准比势能记为 $e_{\mathrm{p}(0),p}$

$$e_{\mathrm{p}(0),p}=pv-p_0v_0=f-f_0=f_{(0)} \tag{2-68}$$

因此，式(2-68)称为比总能 $e_{\mathrm{p}(0),p}$ 的函数，并等于环境基准亥姆霍兹比自由能 $f_{(0)}$ 的函数。$e_{\mathrm{p}(0),p}$ 和亥姆霍兹自由能可以理解为在等温条件下体系的做功本领。还应注意，亥姆霍兹自由能是状态函数，只取决于体系的始态和终态，与变化的途径无关(即与可逆与否无关)。但只有在等温可逆过程中，体系的亥姆霍兹自由能的减少 $-\Delta F$ 才等于对外所做的最大功。利用亥姆霍兹自由能可在等温等体积条件下判别自发变化的方向，所以亥姆霍兹自由能又叫作等温等体积位。

2.9　定温定压过程的功函数——吉布斯自由能 G

2.9.1　吉布斯自由能函数

亥姆霍兹自由能的功函数 F 包括一切功 W。实际上，功又可以分为膨胀功

$W_e = p\mathrm{d}V$ 和除膨胀功以外的其他功 W_f 两类，其他功是系统的组分间化学势 μ 与组分量 n 的变动引起的功的组合，有关化学势产生的功参见多组分系统的热力学基础。非膨胀功能不属于可用的做功能量，但是对讨论化学反应问题十分有用。

在等温条件 $T_1 = T_2 = T_0$ 条件下：

$$\delta W_e + \delta W_f = -\mathrm{d}(U - TS)$$

或

$$p\mathrm{d}V + \delta W_f = -\mathrm{d}(U - TS)$$

如果体系始态和终态的压力 p_1 和 p_2 皆等于外压 p_0，即 $p_1 = p_2 = p_0$，可把上式写为

$$\delta W_f = -\mathrm{d}(U + pV - TS)$$

或

$$\delta W_f = -\mathrm{d}(H - TS) \tag{2-69}$$

由于上式括号中 H、T 和 S 都是状态参数，所以也可定义一个新的状态参数，记为 G，用函数式表示为：

$$G = H - TS \tag{2-70}$$

式(2-70)为吉布斯自由能 G 函数的定义式，有时亦被称为自由焓函数。单位质量的比吉布斯自由能函数 g 的定义式为

$$g = h - Ts \tag{2-71}$$

于是可把式(2-69)改写为比自由能与非膨胀比功的关系：

$$\delta w_f = -\mathrm{d}g$$

不可逆过程有 $\delta w_f < -\mathrm{d}g$，合并上式，得：

$$\delta w_f \leqslant -\mathrm{d}g \tag{2-72}$$

式(2-72)的意义是：在等温等压下一个封闭体系所能做的最大非膨胀功等于吉布斯自由能的减少；如果过程是不可逆的，则所做的非膨胀功的大小小于体系的吉布斯自由能的减少量。

如果体系在等温等压并且除膨胀功外不做其他功的条件下，则

$$-\Delta g \geqslant 0 \text{ 或 } \Delta g \leqslant 0 \tag{2-73}$$

式(2-73)的等号形式适用于可逆过程，不等号形式适用于自发的不可逆过程。可以利用吉布斯自由能在等温等压条件下判别自发变化的方向，所以吉布斯自由能又叫作等温等压位。一般来说，化学反应多在等温等压条件下进行。所

以，式(2-73)十分有用。

在等温等压可逆电化学反应中，非膨胀功即为电功 nEF，故：

$$\Delta G = -nEF \tag{2-74}$$

其中，E 是电池的电动势，n 是电池反应中的电子计量系数，F 是法拉第常数，$F = 96485\text{C/mol}$（C 代表库仑）。

有化学反应时，在假定 $T_1 = T_2 = T_0$ 和 $p_1 = p_2 = p_0$ 的条件下，最大有用功也可以写成

$$w_{u,\,\text{max}} = e_{u1} - e_{u2} = \left[(h_1 - T_1 s_1) - (h_2 - T_2 s_2) \right]_{T_0,\,P_0} \tag{2-75}$$

$$w_{u,\,\text{max}} = g_1 - g_2 = g_{R0} - g_{P0} = -\Delta g_0 \tag{2-76}$$

等式中的 g 为吉布斯比自由焓，其下角标"R"表示反应物，即状态 1；"P"表示生成物，即状态 2；"0"表示处于基准环境态。$\Delta g_0 = g_{P0} - g_{R0}$。上式对封闭系和稳定流动系都适用。对于生产功的装置，化学反应过程应是 Δg_0 为负的过程。

2.9.2   等温物理变化中 ΔG 的计算示例

吉布斯函数 G 是状态函数，在指定的初态和终态之间的 ΔG 是定值，因此，如同熵函数的计算一样，可拟定可逆过程来进行计算。这里，先就等温物理变化中的 ΔG 计算举例说明，化学反应中的 ΔG 以后再讨论。

依据吉布斯函数的定义式：

$$G = U + pV - TS = F + pV$$

得

$$\mathrm{d}G = \mathrm{d}F + p\,\mathrm{d}V + V\mathrm{d}p \tag{2-77}$$

在等温情况下：

$$\mathrm{d}G = -\delta W_R + p\,\mathrm{d}V + V\mathrm{d}p \tag{2-78}$$

①等温等压下的相变过程。例如，在 373.15K 及 101.325kPa 下，水 $[H_2O(1)]$ 蒸发为水蒸汽 $[H_2O(g)]$，因为无其他功，所以 $\delta W_R = p\mathrm{d}V$，且 $\mathrm{d}p = 0$。因此，由式(2-78)得：

$$\mathrm{d}G = 0$$

或

$$\Delta G = 0$$

②如果体系在等温下从 p_1、V_1 改变到 p_{21}、V_2 且只做体积功，则

$$\delta W_R = p\,dV$$

代入式(2-78)，得

$$dG = V\,dp \tag{2-79}$$

或

$$\Delta G = \int_{p_1}^{p_2} dp$$

要对上式积分则需要知道，V 与 p 之间的关系，对于理想气体，有

$$\Delta G = nRT\ln\frac{p_2}{p_1} = nRT\ln\frac{V_1}{V_2} \tag{2-80}$$

【例 2-1】 在标准压力 p^0 和 373.2K 时，将 1mol 的水蒸气可逆压缩为液体，计算每摩尔的 Q_m、W_m、ΔH_m、ΔU_m、ΔG_m、ΔF_m 和 ΔS_m。已知在 373.2K 和标准压力 p_0 下，水的蒸发潜热为 2258.1kJ/kg。

解：$W_m = p\Delta V = p\left[V_m(l) - V_m(g)\right] \approx -pV_m(g) = -RT$

$\qquad = -8.314 \times 3733.2 = -3103\text{J/mol}$

$Q_m = -\Delta H_m = -2258.1\dfrac{\text{kJ}}{\text{kg}} \times 18.02 \times 10^{-3}\dfrac{\text{kg}}{\text{mol}}$

$\qquad = -40691\text{J/mol}$

$\Delta U_m = \Delta H_m - p\Delta V_m = -40691\text{J/mol} + 3103\text{J/mol}$

$\qquad = -37588\text{J/mol}$

$\Delta G_m = \int V\,dp = 0$

$\Delta F_m = -W_m = 3103\text{J/mol}$

$\Delta S_m = \dfrac{Q_m}{T} = \dfrac{-40691\text{J/mol}}{373.2\text{K}} = -109\text{J/(mol}\cdot\text{K)}$

ΔG_m 也可以用下面的式来计算：

$\Delta G_m = \Delta H_m - T\Delta S_m$

$\qquad = -40691\text{J/mol} - 373.2\text{K} \times \left[-109.0\text{J/(mol}\cdot\text{K)}\right] = 0$

【例 2-2】 300.2K 的 1mol 理想气体，压力从 10 倍于标准压力 p_0 等温可逆膨胀到标准压力 P^0，求每摩尔的 Q_m、W_m、ΔH_m、ΔU_m、ΔG_m、ΔF_m 和 ΔS_m。

解：$W_m = RRT\ln\dfrac{V_2}{V_1} = RT\ln\dfrac{p_1}{p_2}$

$\qquad = \dfrac{8.314\text{J}}{\text{mol}\cdot\text{K}} \times 300.2\text{K} \times \text{In}10$

$$=5748 \text{J/mol}$$

$$\Delta F_{\mathrm{m}} = -W_{\mathrm{m}} = -5748 \text{J/mol}$$

$$\Delta U_{\mathrm{m}} = 0，\Delta H_{\mathrm{m}} = 0$$

$$Q_{\mathrm{m}} = W_{\mathrm{m}} = 5748 \text{J/mol}$$

$$\Delta S_{\mathrm{m}} = \frac{Q_{\mathrm{m}}}{T} = \frac{-40691 \text{J/mol}}{373.2 \text{K}} = -109 \text{J/(mol·K)}$$

$$\Delta G = \int_{p}^{p_0} V_m \mathrm{d}p = RT \ln \frac{p_0}{10 \times p_0} = -5748 \text{J/mol}$$

【例 2-3】　有容积为 0.34m^3 的真空罐，罐外侧大气压力为 0.1MPa。求将空气打入罐内直至与大气平衡所做的功。

解：与大气进行热交换的任意开口系，从可用能的交换可写出最大功的方程为

$$\mathrm{d}W_{\max} = -\mathrm{d}(U - T_0 S) + (u_1 + p_1 v_1 - T_0 S_1)\mathrm{d}m_1 - (u_2 + p_2 v_2 - T_0 S_2)\mathrm{d}m_2$$

该场合 $\mathrm{d}m_2 = 0$。忽略一切进入罐内的气体动能，并以入口断面为边界与 T_0、p_0 的环境大气构成开口系。其入口的质量 $\mathrm{d}m_1$ 的状态可视为与大气的状态相同。横切系统边界的动能不能忽略时，流入的气体的压力和温度要比 T_0，p_0 低。如果大气静止部分与边界间的流体适合热力学第一定律，即有 $h_0 = h_1 + w^2/2$。其结果断面处的流体有动能，比焓 $h_1 < h_0$。因此，上面的式 $\mathrm{d}W_{\max}$ 很容易积分。

$$W_{\max} = (U_i - T_0 S_i) + (U_f - T_0 S_f) + (u_0 + p_0 v_0 - T_0 S_0)(m_f - m_i)$$

此处，下角标中的符号 i 和 f 分别表示罐内流体的初态和终态的条件。最初，罐内什么也没有，$U_i = S_i = 0$。因此：

$$W_{\max} = 0 - (U_f - T_0 S_f) + (u_0 + p_0 v_0 - T_0 S_0)m_f$$

$$= -u_f m_f + T_0 s_f m_f + u_0 m_f + p_0 v_0 m_f - T_0 s_0 m_f$$

罐内终止状态与大气平衡并静止。因此：

$$p_f = p_0，T_f = T_0$$

所以：

$$u_f = u_0，s_f = s_0，v_f = 0$$

$$W_{\max} = p_0 v_0 m_f = p_0 V_{罐} = 0.1 \times 10^6 \text{Pa} \times 0.34 \text{ m}^3 = 34000 \text{J}$$

应当注意，这种产生功的机制完全不能被指定，它不能产生轴功。但是，无论用什么装置也无法用上述的系统从大气中获取 34kJ 以上的功能。

【例 2-4】　0.25kg 氮气被封入绝热容器内，氮气初始状态为 0.282MPa，32℃，后来由罐内叶轮机的旋转（罐外电动机带动旋转）使氮气压力升到 0.34MPa，如图 2-2 所示。周围的大气 0.1MPa，32℃。求出该过程的不可逆损失。

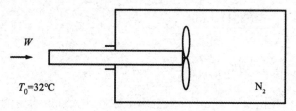

图 2-2　叶轮旋转增压

解：$T_1 = T_0 = (32 + 273.15)K$，$W_{IR} = T_0\Delta S_{孤立系} = T_0(\Delta S_系 + \Delta S_{周围})$。对于闭口系的这个绝热过程，周围的熵没有变化，所以

$$W_{IR} = T_0\Delta S_系 = T_0 m\int_1^2 ds$$

$$= T_0 m\int_1^2\left(\frac{du}{T} + p\,\frac{dv}{T}\right)$$

$$= T_0 m\int_1^2\frac{c_v dT}{T} + 0$$

$$= T_0 mc_v\ln\frac{T_2}{T_1}$$

$$= T_0 mc_v\ln\frac{P_2}{P_1}$$

$$= (32 + 273.15)K\times 0.25kg\times 0.7425 kJ/(kg\cdot K)\ln\frac{0.34MPa}{0.28MPa}$$

$$= 11.00 KJ$$

上面的解是没有计算 ΔE_u 得到的答案。为了讨论，再做如下计算：

$$T_2 = T_1\frac{p_2}{p_1} = (32 + 278.15)K\frac{0.34MPa}{0.28MPa} = 370.53 K$$

$$W_{wa} = W - p_0(V_2 - V_1) = U_1 - U_2 + Q - p(V_2 - V_1)$$

$$= U_1 - U_2 + 0 - 0 = mc_v(T_1 - T_2)$$

$$= 0.25kg\times 0.7425 kJ/(kg\cdot K)(305.15 - 370.53)K = -12.14 kJ$$

$$\Delta E_u = E_{uU.U.2} - E_{u.U.1} = U_2 - U_1 + p_0(V_2 - V_1) - T_0(S_2 - S_1)$$

$$= U_2 - U_1 - T_0(S_2 - S_1)$$

$=12.14\mathrm{kJ}-11.00\mathrm{kJ}=1.14\mathrm{kJ}$

叶轮机械旋转做功 12.14kJ，系统与大气的孤立系的可用能仅增加 1.14kJ。即从状态 2 出发的过程得到有效功与从状态 1 出发的过程得到有效功相比，仅增加 1.14kJ。换言之，消耗了 12.14kJ 的功，而系统仅增加了 1.14kJ 的可用能。

为了进一步加深理解可用能的概念，对初态和终态的比㶲，即比可用能进行计算。

$$e_{u1} = u_1 - u_0 + p_0(v_1 - v_0) - T_0(s - s_0)$$

$$= c_V(T_1 - T_0) + p_0\left(\frac{R_g T_1}{p_1} - \frac{R_g T_0}{p_0}\right) - T_0\left(c_v \ln \frac{T_1}{T_0} - R_g \ln \frac{p_1}{p_0}\right)$$

$$= 0 + \left(\frac{0.1\mathrm{MPa}}{0.28\mathrm{MPa}} - 1\right)0.2968\mathrm{kJ/(kg \cdot K)} \times 305.15\mathrm{K}$$

$$- 305.15\mathrm{K}\left(0 - 0.2968\mathrm{kJ/(kg \cdot K)} \times \ln \frac{0.28\mathrm{MPa}}{0.1\mathrm{MPa}}\right)$$

$$= 35.03\mathrm{kJ/kg}（因为 T_1 = T_0）$$

$e_{u2} = 39.59\mathrm{kJ/kg}$。

所以得到：

$$m(e_{u2} - e_{u1}) = 1.14\mathrm{kJ/kg}$$

2.10 能量的品位

为说明不同能量转换为功的最大限度的能量品位属性，需引入能量品位概念。作为能量品位参数应当有如下特征：①能够表示能量转换为功能的最大能力；②应当是无量纲参数；③取功的品位为基准品位的单位，即机械能和电能的品位定为 1。

定义能量品位为某热力系能量的可用能与绝对势能的比值，用符号 φ 表示，数学表达式为

$$\varphi = \frac{e_u}{e_p} \tag{2-81}$$

其中，e_u 和 e_p 为某热力系具有能量的可用能和绝对势能。式(2-80)定义的能量品位，体现了上述能量品位定义的三原则，可根据本章前述的各种系统的能量的可用能定义式，直接导出它们的能量品位。例如

1. 温度为 T 的热源热能的品位

$$\varphi_{u,T} = \frac{e_{u,T}}{e_{p,T}} = \frac{(T-T_0)s}{Ts} = 1 - \frac{T_0}{T}$$

2. 压力为 p 的压缩气源的体积能的能量品位

$$\varphi_p = \frac{(p-p_0)v}{pv} = 1 - \frac{p_0}{p}$$

3. 闭口系的能量品位

$$\varphi_U = \frac{(T-T_0)s - (p-p_0)v}{Ts - pv} = 1 - \frac{T_0 s - p_0 v}{Ts - pv}$$

4. 开口系的能量品位

$$\varphi_H = \frac{(T-T_0)s}{Ts} = 1 - \frac{T_0}{T}$$

5. 温度 T_c 冷源的热量

$$\varphi_{T_c} = \frac{-(T_c - T_0)S}{T_c S} = \frac{T_0}{T_c} - 1$$

6. 变温热源的热量品位

其中，在定压比热不变的情况下，变温热源的热量品位 φ_{T_N} 为

$$\varphi_{T_N} = \frac{\widetilde{e}_{u,T}}{\Delta q_{2-1}} = 1 - \frac{T_0(s_2 - s_1)}{q_2 - q_1}$$

当比定压热容不变时，上式得

$$\varphi_{T_N} = \frac{\widetilde{e}_{u,T}}{\Delta q_{2-1}} = 1 - \frac{T_0 \ln\left(\dfrac{T_2}{T_1}\right)}{T_2 - T_1}$$

7. 其他能量的品位

此外，凡理论上转化为机械能而没有损失的能量，如机械功能、电能、水力能、风力能、潮汐能、畜力能等都属于高品位能，其能量的品位为1。虽然风力能和潮汐能都属于物体宏观运动的机械能范畴，但是由于其不稳定和分散性，转换为有用功还是很困难的，其效率也很低。

另外一些需要通过先转化为热能再转化为机械能的能量，如煤、石油、天然气、秸秆等蕴藏的化学能、核裂变和聚变能等，能量密度很大，可以转化为高温的热能。燃料的品位高于其燃烧(可以是纯氧燃烧)后最高温度燃气的品位。燃烧过程是自发过程，有不可逆损失。燃料的品位接近1。核裂变和聚变能产生高温

的辐射能,辐射能的品位需要区分为热作用和量子作用来表征,热作用与辐射能密度有关,量子作用与辐射光谱频率有关。因此,核能的品位也很高。上述的燃料,核裂变和聚变能的高品位能又不能等同于机械功和电能,因为它们需要通过转化才能变成功,所以把需要转化才能变成功的燃料化学能和核裂变能等归在潜在高品位能之列。

空气能和海水能是很低品位的能量,在许多情况下作为零品位的能量来处理。零品位的能量不等于完全无用的能量,它只是不能直接用于转化为功能,但它在与高品位能结合使用时,却可以作为真实有用的能量,提供给对能量品位不高的场合使用。例如,空气能热泵可以产出输入电能 4 倍左右热量的热水,其中 3 倍于电能的热量是吸收零品位的空气能得到的。热泵的节能原理,就是科学地利用了电能的高品位,没有直接让它做低品位的热水热能使用。

φ 作为能量品位参数,是能量品质的量化表征,它取能量中最大做有用功的可用能为分子,取总能量为分母;能量品位定义式的分母不能取为环境基准势能,否则就不能表征能量的本属性,也得不到热能的品位是卡诺热机的效率。

能量品位概念对于科学用能十分重要,但是能量品位如何准确定义目前还没有定论,本书的定义也仅供参考。

2.11　能梯级利用原理

在能量利用的各个过程中,如气化、燃烧、发电等热力过程中,反应在某个温度区间内会达到较好的效果,因而燃料在化学能向物理能释放过程中,可以通过进行控温操作,将所含化学能逐级多次利用,使得每个过程的温度最适宜,这样整个过程的能源利用率将会达到最高水平,这就是能量梯级利用的定义,简单来说就是"温度对口,梯级利用"。

20 世纪 80 年代,吴仲华教授等[1]就提出了物理能的梯级利用。这一原理的提出,解决了当时绝大多数能源利用率低的问题,提高了化工领域的整体水平。同时,梯级利用原理的提出,相应也诞生了很多新型的能量利用方式,如煤的化学链燃烧、气化重整技术等,不同于煤简单粗暴的直接燃烧方式,新型的能量利

---

① 吴仲华. 能的梯级利用与燃气轮机总能系统[M]. 北京:机械工业出版社,1988.

用方式将传统燃料的热量进行分级利用，最大程度地提高了能源利用率，同时还避免了很多直接燃烧的弊端，如易产生污染物以及燃烧过程热损失大的问题。然而，随着经济和新兴技术的高速发展，传统的物理能梯级利用原理已经不能完全解决能源、化工、环境等相互交叉融合领域的热力系统问题。因此，探索适用范围更广阔、更深入的新原理迫在眉睫。

为此，多位学者进行了研究，其中金红光教授等[1]在2005年提出了物理能和化学能综合梯级利用，这一新概念在原有理论上加以深化改进，将物理能和化学能联合起来，利用煤炭等燃料的化学能品位与传统卡诺循环效率之间的品位差值，从而提升整个能源热力系统的利用率。图2-3就是基于能的品位反映出的燃烧过程中的物理能与化学能联合梯级利用原理。由图2-3可知，一般煤炭等燃料的化学能品位很高，接近于1，而卡诺循环效率又很低，因而化学能与卡诺循环之间存在的品位差（$A_1 - A_{th}$）较大，引起了㶲损失较大。以煤的燃烧过程来说，能量释放侧的直燃温度一般在1200℃左右，而能量接收侧的蒸汽温度往往只有600℃，这样能量释放侧和接收侧的巨大温度差造成了反应过程中很大的㶲损失。所以想达到减少㶲损失，提高能量效率就在于减少这一部分的温度差。最原始的方式在于提高初始燃烧温度，提高卡诺循环效率A_{th}，但受限于反应器的使用年数、初始投资、运行成本以及耐高温等因素，燃烧温度不能提升的更高。并且，在高温区（温度超过1500℃），随着温度的提高，卡诺循环效率略有上升，基本维持不变。因而，继续提升反应温度，对物理能利用率的上升和可用能损失的降低的影响越来越弱，反而会大幅增加初始和运行成本。从长远角度着想，最重要和最有效解决这一难题的方式在于采取新方式减少燃料中化学能释放过程侧的品位，也就是实现燃料化学能品位由A_1降为A_3的目标，大幅降低能量释放侧和接收侧的品位差，达到燃料中能量的梯级释放。

① 金红光，王宝群，刘泽龙，等.化工与动力广义总能系统的前景[J].化工学报，2001，52(7)：567—571.

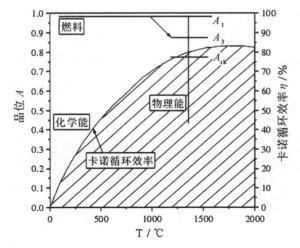

图 2-3　物理能与化学能综合梯级利用图

如图 2-3，燃料的化学能品位 A_1，通过某些化学反应过程，转变为具有 A_3 品位的燃料，此时低品位燃料再进行燃烧释放热量，这种新型燃烧方式，将品位差由直接燃烧的 $(A_1 - A_{th})$ 转变为 $(A_3 - A_{th})$，降低了能量损耗，实现了物理能和化学能的联合梯级利用。

2.12　图像可用能分析

Ishida 等[①]于 1982 年提出图像可用能分析法，亦称图像㶲分析方法（energy utilization diagrams analysis，简称 EUD 分析法），目的在于通过图像，从能级层面揭示系统的内部可用能损失现象，为后续燃料的发展改进提供理论依据。EUD 分析法中横坐标表示能量转换过程中的能的"量"，而纵坐标 A 表示由能量转换过程中能的"质"，即能的品味。通过图像分别描述能量释放侧与能量接受侧能的品位随能量转化过程的变化趋势，将能量利用过程中各个子过程清晰地展现出来。

图形可用能分析隶属于可用能分析，通过比较可用能效率来进行分析。该分

---

①　Ishida M，Kawamura K. Energy and Exergy Analysis of a Chemicil Process System with Distributed Parameters Based on the Energy－direction Factor Diagram. Industrial Engineering and Chemistry Process Design & Development，1982，21：690－695.

析法的本质是通过热力学基本定律，对热力变化过程进行能量合理且高效利用程度的研究，即结合能量的数量和质量分析了设备或系统在能量中的可用能（即为㶲）的转化、传输、利用及损失的情况，因而也被很多人称为"第二定律分析法"。㶲分析法旨在借助系统的㶲平衡，计算系统中设备、过程、工序中的㶲损失。目前，㶲分析适用范围广，原理简洁易懂，在分析用能系统中使用广泛。

可用能效率的定义为

$$\eta_e = \frac{收益的㶲}{消耗的㶲} = \frac{消耗的㶲 - 㶲的损失}{消耗的㶲}$$

依照上式可得出㶲效率的表达式为

$$\eta_e = \frac{E_{x2}}{E_{x1}} = \frac{E_{x1} - E_{loss}}{E_{x1}}$$

其中，E_{x1}——消耗可用能；

E_{x2}——收益可用能；

E_{loss}——可用能损失。

目前，较为常见的能量分析法，是根据热力学第一定律来分析用能装置的能量变化，因而也被称为"第一定律分析法"。能量效率为其评价标准：

$$\eta_t = \frac{收益的能量}{消耗的能量} = \frac{消耗的能量 - 能量的损失}{消耗的能量}$$

㶲分析法相比能量分析法，具备显著的优势，具体表现如下。

第一，能量分析法所考虑的能量损失，仅仅指的是直接散发到环境的能量，即外部损失，而不可逆过程中，必然会有一部分可用能转变为不可用能，并且不是当场排放到环境的内部可用能损失，而这部分可用能损失在数量上不会减少，却会引起能量质量的贬值，而这部分的可用能损失就在可用能分析法中得到了体现。

第二，能量分析法是针对不同质量的能量，仅达到数量平衡，忽略质的平衡，其评价指标为能量效率，在表达式中的分子、分母一般为不同质的能量，换句话说就是在"收益的能量"中也有可能包含着任意比例的。因而能量效率并不能完全科学地表达出能量的利用程度，而可用能分析法中提出的可用能效率，则完美地规避了表达式中出现的可能性，更加科学地表达出了能量利用的程度，从而可以更快更好地找出提高能量利用率的正确措施。

经过上述的阐述，可以明确可用能分析法在分析用能系统的能量利用过程中，更具备准确性和科学性，而图像可用能分析法相比传统的可用能分析法，更加方便可靠。

如图 2-4 所示是一个典型的图像可用能分析法示意图，横坐标 ΔH，对应热力学第一定律中能量的"量"，纵坐标能量的品位 A，对应热力学第二定律中能量的"质"，横、纵坐标轴中间的面积代表了能量在转化利用中能做的最大功，即 $\Delta E = \Delta H \times A$。

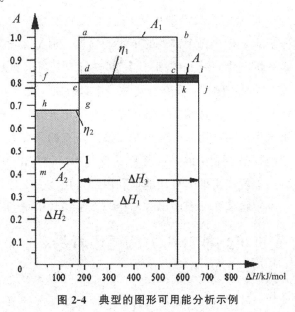

图 2-4　典型的图形可用能分析示例

依照上述分析，EUD 图像可用能分析法利用图像的方式，将反应过程中 ΔH 和 A 的数量关系直观明确地表达出，同时也体现出了热力学基本定律。EUD 法从能级入手，深入揭示了反应过程中可用能损失产生的原因，从而反映了过程中能量匹配的情况，为用能系统的能量利用率的进一步提升提供理论依据。

2.13　可用能概念及分析方法

能量守恒与转换定律（热力学第一定律）是经典热力学的基础理论，它表明了自然界中一切的物质都具有能量，能量既不可能被创造，也不可能被消灭，但是能量可以从一种形态转换成另一种形态；在能量转换的过程中，能量的总和保持不变。

人们进行热力分析时，常用基于热力学第一定律的能量平衡法，该方法只考虑了能量的数量守恒，未考虑能量品质的高低。于是引入了有关"可用能"或"㶲"的概念，试图用"可用能"这个概念来描述一般能量中最大的可转换为功的分额，并以此来衡量能量的品质。而以此为基础建立的热力系统可用能分析方法，结合了热力学第一、第二定律，比起采用基于热力学第一定律的能量平衡法更为科学。

传统可用能分析可确定能量系统中可用能损失的位置、大小和来源，但同时，传统可用能分析只是指出每个部件的可用能损失，但是并没有给出相应的改进方法；且能量系统链条中，一个中间环节（部件）的产品同时也是下一个节（部件）的燃料输入。相关研究表明，系统中其中一个部件的可用能效率不仅仅取决于该部件，而同样与另一个部件相关，因此在传统可用能方法中使用的可用能效率来描述部件对于可用能的利用率应当更为谨慎。现有的研究表明：一个部件中发生的一部分可用能损是由剩余的系统部件的低效率（即外部可用能损）造成的，即一个部件内的可用能损是由外部可用能损和内部可用能损组成的，而通过传统可用能分析法在一个复杂的热力系统中分离这两个是非常困难的。

2.13.1　先进可用能分析方法诞生背景

传统可用能分析能够确定出可用能损失的系统组件和导致这些损失发生的过程，然后通过相关技术减少组件可用能损失，从而提高系统的效率。但传统可用能分析方法中得到的可用能损失，并不仅仅取决于能量系统内单一组件，而是与其他组件也相关，为提高分析的准确性，先进可用能分析方法应运而生，先进可用能分析方法将可用能损失分解成内部可用能损失、外部可用能损失、可避免的可用能损失、不可避免的可用能损失。该方法代表了可用能分析的新方向，也被称之为先进可用能分析。

借助先进可用能分析方法，可以计算出除旧部件以外的所有部件均以可逆状态运行时，该部件的内部可用能损失，然后在此基础上，分析得到外部可用能损失；并将上述可用能损失分解为内部可避免可用能损失、内部不可避免可用能损失，以及外部可避免可用能损失、外部不可避免可用能损失。内部可用能损失是指当其他部件均以理想状态运行时，该部件以当前效率运行而产生的可用能损失，内部可用能损失仅仅与被研究部件内部的不可逆性有关；外部可用能损失是由其他部件的不可逆性引起的该部件的可用能损失。

近年来，越来越多的学者采用先进可用能分析方法，得到了与传统可用能分析不同的结论。传统可用能分析方法采取的黑箱方法只能得到可用能分析损失的位置和大小，而先进可用能分析通过分析各个组件的相互作用，可以得到其相互影响，判断出导致可用能损失是因为其热力系统内部连结作用影响，还是由于结构、材料等导致的不可避免的外部或内部可用能损失，这种分析方法可以让我们更明确得到改进的方法，从而对系统进行优化。相较于传统可用能分析方法，先进可用能分析方法提高了可用能分析的准确性。具体包括确定改进的潜力以及组件之间的相互作用。当其内部连结性不高时，应当关注如何提高零部件的效率。这也会导致通过先进可用能分析方法会得到许多与传统可用能分析中不一样的改进位置和改进的顺序，进而得出一些传统可用能得不到的结论。在当前，先进可用能分析大多时候都可以作为传统可用能分析的补充，为精准改进能量系统提供一种新的工具。

在先进可用能的应用中，多数方法采用的都是基于学者 Morosuk 和 Tsatsaronis[①] 所提到的先进可用能分析方法，将可用能损分解成内部可用能损、外部可用能损，以及不可避免可用能损和可避免可用能损，从而得到各个部件的内部不可避免的可用能损、内部可避免的可用能损，外部不可避免的可用能损和外部可避免的可用能损，并以此开展分析，并对系统加以优化和改进。

对于如何计算上述各部分的可用能损，S. Kelly 等[②]学者详细介绍了五种不同的分解可用能方法，同时介绍了每种方法的优点、缺点和限制。这五种方法分别是工程法、热力学循环法、可用能平衡法、等效构件法和结构理论法。其中，热力学循环方法是最方便的方法，为可以定义热力学循环的系统提供了最好的结果。如果不能，则可以用另外两种方法，同样也可以提供相似和可接受的结果。例如，人们发现用热力循环法无法分析某些特殊过程，例如在燃烧室中发生的反应，由于其中发生了化学反应，故无法用热力循环方法来确定其内部可用能损失和外部可用能损失。

2.13.2 先进可用能分析模型及方法

先进可用能分析方法可以对系统各部件损失进行精确定位，查明不可逆性损

---

① Morosuk T，Tsatsaronis G. Advanced exergy-baesd methods to understand and improve energy-conversion systems[J]. Energy，2019，166：238－248.

② Kelly S.，Tsatsaronis G.，Morosuk T.，Advanced exergetic analysis：Approaches for splitting the exergy destruction into endogenous and exogenous parts[J]. Energy，2009，34(3)：384－391.

失的来源，计算系统中可避免的损失。通过考虑不同部件之间的相互影响，可以确定能量损失来源，专注减少外源性的部分。明确系统内各部件能量损失的构成后，以此为指导，可以改进现有的循环结构。

作为传统可用能分析的补充与延续，先进可用能分析将可用能损分割为可避免可用能损、不可避免可用能损、内源性可用能损与外源性可用能损。对系统进行先进可用能分析可以为改进系统耦合方式指明方向，挖掘系统潜力，减小损失，提高效率。

每个部件的可用能损都可以分割为内源性可用能损/外源性可用能损，或可避免可用能损/不可避免可用能损，如

$$E_S = E_S^{EN} + E_S^{EX} \tag{2-82}$$
$$E_S = E_S^{AV} + E_S^{UN} \tag{2-83}$$

其中，E_S ——可用能损，J；

E_S^{EN} ——由不可逆引起的内源性可用能损，J；

E_S^{EX} ——由不可逆引起的外源性可用能损，J；

E_S^{AV} ——可以通过优化避免的可用能损，J；

E_S^{UN} ——不可以通过优化避免的可用能损，J。

将可避免的或不可避免可用能损的概念以及内源性可用能损与外源性可用能损的概念结合起来，可以将上述四个部分进一步分解为更详细的部分：

$$E_S^{EN} = E_S^{EN,\ AV} + E_S^{EN,\ UN} \tag{2-84}$$
$$E_S^{EX} = E_S^{EX,\ AV} + E_S^{EX,\ UN} \tag{2-85}$$
$$E_S^{AV} = E_S^{EN,\ AV} + E_S^{EX,\ AV} \tag{2-86}$$
$$E_S^{UN} = E_S^{EX,\ UN} + E_S^{EN,\ UN} \tag{2-87}$$

其中，$E_S^{EN,\ AV}$ ——可避免的内源性可用能损，kJ；

$E_S^{EN,\ UN}$ ——不可避免的内源性可用能损，kJ；

$E_S^{EX,\ AV}$ ——可避免的外源性可用能损，kJ；

$E_S^{EX,\ UN}$ ——不可避免的外源性可用能损，kJ。

先进可用能分析中详细可用能损的计算方法有：基于热力学循环法、工程法、可用能平衡法、等效构件法和结构理论法。热力学循环定义明确的系统来说，热力学循环法是最方便和可靠的方法。

2.13.2.1 热力学循环法

在采用基于热力学循环的方法时，需要定义真实的热力学循环、不可避免的

热力学循环和混合热力学循环。真实热力学循环意味着所考虑系统的所有组件都在不可逆的真实条件下工作。不可避免的热力学循环是所有组件在不可避免的条件下，即可能的最佳工作条件下运行。混合循环是指所研究的设备组件在实际条件下工作，而其他设备组件在理想/理论条件下工作。真实条件、不可避免条件和混合热力学条件下需要根据经验假设。通过比较真实热力学循环和不可避免热力学循环的结果，可以得到可避免性可用能损和不可避免性可用能损。同样，结合实际循环和混合循环可以得到内源性和外源性可用能损。

$$E_S^{UN} = E_S^{Real}\left(\frac{E_S}{E_P}\right)^{UN} \qquad (2\text{-}88)$$

$$E_S^{EN} = E_S^{Real}\left(\frac{E_S}{E_P}\right)^{EN} \qquad (2\text{-}89)$$

$$E_S^{EN,\ UN} = E_S^{EN}\left(\frac{E_S}{E_P}\right)^{UN} = E_S^{UN}\left(\frac{E_S}{E_P}\right)^{EN} \qquad (2\text{-}90)$$

其中，E_P——产品可用能，J；

E_S^{Real}——实际条件下可用能损，J；

$\left(\dfrac{E_S}{E_P}\right)^{UN}$——不可避免条件下的单位可用能产下的可用能损，J；

$\left(\dfrac{E_S}{E_P}\right)^{EN}$——混合循环条件下的单位可用能产下的可用能损，J。

2.13.2.2　工程法

每个部件的可用能损都可以分割为内源性可用能损/外源性可用能损，或可避免可用能损/不可避免可用能损。

$$\dot{E}_{D,k} = \dot{E}_{D,k}^{EN} + \dot{E}_{D,k}^{EX} \qquad (2\text{-}91)$$

$$\dot{E}_{D,k} = \dot{E}_{D,k}^{AV} + \dot{E}_{D,k}^{UN} \qquad (2\text{-}92)$$

对于第 k 个组分，其不可避免可用能损可以根据如下公式确定：

$$\dot{E}_{D,k}^{UN} = \dot{E}_{P,k}\left(\frac{\dot{E}_{D,k}}{\dot{E}_{P,k}}\right)^{UN} \qquad (2\text{-}93)$$

其中，$\left(\dfrac{\dot{E}_{D,k}}{\dot{E}_{P,k}}\right)^{UN}$——在不可避免的条件下，第 k 个组分的可用能损与产品可用

能的比值。

$\dot{E}_{\mathrm{D},k}^{\mathrm{EN}}$ ——内源性可用能损，kW；

$\dot{E}_{\mathrm{D},k}^{\mathrm{EX}}$ ——外源性可用能损，kW；

$\dot{E}_{\mathrm{D},k}^{\mathrm{UN}}$ ——不可避免可用能损，kW；

$\dot{E}_{\mathrm{D},k}^{\mathrm{AV}}$ ——可避免可用能损，kW。

对于内源性/外源性可用能损，若系统中含有大量化学反应，可用工程法计算内源性/外源性可用能损。

部件 k 的内源性可用能损与当系统中其他组件以理想方式运行，k 以实际方式运行时的不可逆性有关。图 2-5 为计算部件 k 内源性可用能损的主要原理。

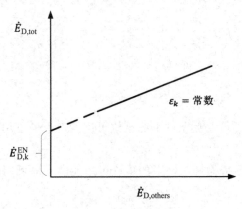

图 2-5　工程法的说明

系统的可用能平衡方程为：

$$\dot{E}_{\mathrm{D,tot}} = \dot{E}_{\mathrm{D},k}^{\mathrm{EN}} + \dot{E}_{\mathrm{D},k}^{\mathrm{EX}} + \dot{E}_{\mathrm{D,others}} \tag{2-94}$$

同时，式(2-13)可以进一步简化为

$$\dot{E}_{\mathrm{D,tot}} = \dot{E}_{\mathrm{D},k}^{\mathrm{EN}} + m\dot{E}_{\mathrm{D,others}} \tag{2-95}$$

其中，$\dot{E}_{\mathrm{D,others}}$ ——除了部件 k 之外的所有部件可用能损之和，kW。

当 $\lim \dot{E}_{\mathrm{D,others}}$ 趋近于 0 时，部件 k 的内源性可用能损与系统总可用能损相等。通过改变各部件可用能效率，可以确定参数并绘制出直线如图 2-5 所示，从而计算出 $\dot{E}_{\mathrm{D},k}^{\mathrm{EN}}$。

另外，需要注意的是，当 $\dot{E}_{\mathrm{D,others}}$ 变化时，ε_k 始终保持恒定常数，才能满足

工程法的基本要求。同时，除了 k 以外的各部件可用能损数值都需要降低至 0。

2.13.3　先进可用能分析示例

图 2-6 为 SI＋ACAES 系统的结构图，图 SI＋ACAES 系统的压缩储能子系统为三级压缩中间冷却的形式，冷却介质为储存于蓄冷罐的冷却水，SI＋ACAES 系统中蓄冷罐有额外的冷却水补充，用于补充在饱和器中所流失的水分；SI＋ACAES 系统在节流阀出口后增设了换热器 7、换热器 8 以及一个饱和器，其中，换热器 7 的主要作用是利用余热加热进入饱和器的空气；换热器 8 的主要作用是回收节流阀节流降压后产生的冷量；饱和器主要起到为空气增湿升温的作用，用以增加系统效率与做功能力。

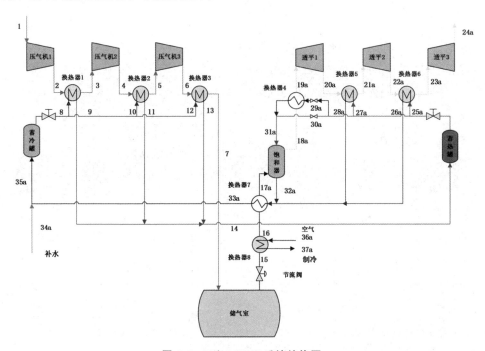

图 2-6　SI＋ACAES 系统结构图

由第一章相关数学模型并经过仿真计算可以得到系统各进出口参数，见表 2-1。

表 2-1　SI＋ACAES 系统释能过程设计工况计算数据

名称	单位	数值
节流阀出口空气压力	kPa	4200

续表

名称	单位	数值
节流阀出口空气温度	K	280.8
换热器 8 出口空气温度(换热器 7 进口空气温度)	K	292.4
换热器 7 出口空气温度(饱和器入口空气温度)	K	331
透平 1 进口空气温度(饱和器出口空气温度)	K	392.1
透平 1 进口空气压力(饱和器出口空气压力)	kPa	3953
透平 1 出口空气温度(换热器 5 进口空气温度)	K	310.3
透平 1 出口空气压力(换热器 5 进口空气压力)	kPa	1497
透平 2 进口空气温度(换热器 5 出口空气温度)	K	454.8
透平 2 进口空气压力(换热器 5 出口空气压力)	kPa	1467
透平 2 出口空气温度(换热器 6 进口空气温度)	K	338.4
透平 2 出口空气压力(换热器 6 进口空气压力)	kPa	426.4
透平 3 进口空气温度(换热器 6 出口空气温度)	K	456.1
透平 3 进口空气压力(换热器 6 出口空气压力)	kPa	417.9
透平 3 出口空气温度	K	325.5
透平 3 出口空气压力	kPa	101.3
饱和器出口空气含湿量	kg/kg	0.033
节流阀出口空气压力	kPa	4200
节流阀出口空气温度	K	280.3
换热器 8 出口空气温度(换热器 7 进口空气温度)	K	292.4
换热器 7 出口空气温度(饱和器入口空气温度)	K	399
饱和器出口空气温度(换热器 4 进口空气温度)	K	421.5
饱和器出口空气压力(换热器 4 进口空气压力)	kPa	3953
透平 1 进口空气温度(换热器 4 出口空气温度)	K	554.9
透平 1 进口空气压力(换热器 4 出口空气压力)	kPa	3874
透平 1 出口空气温度(换热器 5 进口空气温度)	K	376.4
透平 1 出口空气压力(换热器 5 进口空气压力)	kPa	694.1
透平 2 进口空气温度(换热器 6 出口空气温度)	K	502.5
透平 2 进口空气压力(换热器 6 出口空气压力)	kPa	666.6

续表

名称	单位	数值
透平2出口空气温度	K	329.4
透平2出口空气压力	kPa	101.3
换热器7出口水温	K	325.9
饱和器出口空气含湿量	kg/kg	0.088
换热器9进口水流量(39b)	kg/s	150

通过表2-1数据可以得到SI＋ACAES系统各组件㶲损，图2-7为真实条件下SI＋ACAES系统的㶲损图，从图中可知储能系统中㶲损较高的组件依次为透平3、2、1、节流阀以及压气机3、2、1，其中透平产生的㶲损大于压气机所产生的㶲损，其主要原因是透平的等熵效率(82％)低于压气机的等熵效率(88％)，因此透平的㶲损较高。节流阀的不可逆损失仅次于透平，主要是由于节流阀的节流降压作用使得节流阀前后压差较大，造成了大量的能量损失。图2-8所示为不可避免条件下SI＋ACAES系统的㶲损图，从图中可知，在不可避免条件下系统中压气机、换热器、透平以及饱和器的㶲损明显低于实际情况下系统各组件的㶲损，这表明了该系统性能具有很大的提高潜力。

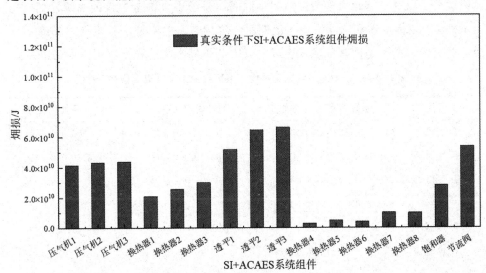

图 2-7　真实条件下 SI＋ACAES 系统㶲损

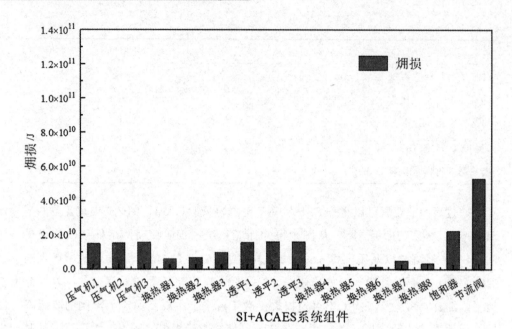

图 2-8 不可避免条件下 SI＋ACAES 系统㶲损

　　先进可用能分析结果见表 2-2～表 2-4。根据表中数据可以看出 SI＋ACAES 系统中透平 3、2、1，以及压气机 3、2、1 的可避免㶲损大于不可避免㶲损，这说明透平、压气机有较大的改进空间。同时，系统中大部分组件的内源性㶲损远大于外源性㶲损，这意味着系统各组件所产生的㶲损主要是由各组件本身的不可逆性造成的，而不是由其他成分造成的，因此组件之间的相互作用并不是很强。

表 2-2　SI＋ACAES 系统真实条件、不可避免条件及混合条件下㶲损

组件	系统真实条件㶲损/J	不可避免条件/J	混合条件㶲损/J
压气机 1	4 167 000 0000	13 010 000 000	40 900 000 000
压气机 2	4 3580 000 000	15 640 000 000	42 530 000 000
压气机 3	43 770 000 000	16 300 000 000	43 160 000 000
换热器 1	13 850 000 000	6 083 000 000	12 150 000 000
换热器 2	15 650 000 000	6 982 000 000	12 840 000 000
换热器 3	19 180 000 000	9 890 000 000	15 860 000 000
透平 1	51 800 000 000	15 620 000 000	53 450 000 000
透平 2	64 860 000 000	16 090 000 000	65 650 000 000
透平 3	66 470 000 000	16 140 000 000	69 820 000 000

续表

组件	系统真实条件㶲损/J	不可避免条件/J	混合条件㶲损/J
换热器 4	3 016 000 000	124 500 000	4 965 000 000
换热器 5	5 016 000 000	152 300 000	7 053 000 000
换热器 6	4 141 000 000	144 500 000	5 982 000 000
换热器 7	10 220 000 000	5 079 000 000	10 220 000 000
换热器 8	10 000 000 000	3 486 000 000	5 965 000 000
饱和器	30 850 000 000	22 250 000 000	29 880 000 000
节流阀	53 560 000 000	53 100 000 000	54 560 000 000

表 2-3　SI＋ACAES 系统内源性、外源性、可避免及不可避免㶲损

组件	E_S^{UN} (J)	E_S^{EN} (J)	E_S^{AV} (J)	E_S^{EX} (J)
压气机 1	13 879 150 372	43 090 735 632	27 790 849 628	−1 420 735 632
压气机 2	16 633 015 873	44 667 284 463	26 946 984 127	−1 087 284 463
压气机 3	16 999 834 867	44 006 079 336	26 770 165 133	−236 079 335.8
换热器 1	6 855 678 176	16 176 836 243	6 994 321 824	−2 326 836 243
换热器 2	8 529 243 596	19 538 290 187	7 120 756 404	−3 888 290 187
换热器 3	12 182 036 434	23 560 395 751	6 997 963 566	−4 380 395 751
透平 1	13 676 472 252	52 517 116 224	38 123 527 748	−717 116 223.7
透平 2	14 401 164 122	63 879 356 846	50 458 835 878	980 643 153.5
透平 3	14 313 176 953	66 490 359 501	52 156 823 047	−20 359 501.1
换热器 4	128 824 638.9	4 654 197 496	2 887 175 361	−1 638 197 496
换热器 5	165 201 784.6	6 976 938 235	4 850 798 215	−1 960 938 235
换热器 6	148 963 629.3	5 643 773 635	3 992 036 371	−1 502 773 635
换热器 7	6 845 133 806	10 220 000 000	3 374 866 194	0
换热器 8	9 508 577 014	4 090 329 798	491 422 985	5 909 670 202
饱和器	23 043 002 615	27 257 803 636	7 806 997 385	3 592 196 364
节流阀	53 100 000 000	54 560 000 000	460 000 000	−1 000 000 000

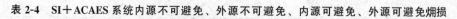

表 2-4   SI＋ACAES 系统内源不可避免、外源不可避免、内源可避免、外源可避免㶲损

组件	$E_S^{EN,\ UN}$ (J)	$E_S^{EX,\ UN}$ (J)	$E_S^{EN,\ AV}$ (J)	$E_S^{EX,\ AV}$ (J)
压气机 1	1 223 239 080	12 655 911 292	41 867 496 552	−14 076 646 924
压气机 2	1 533 354 541	15 099 661 332	43 133 929 922	−16 186 945 795
压气机 3	1 622 481 550	15 377 353 317	42 383 597 786	−15 613 432 653
换热器 1	1 112 408 940	5 743 269 235	15 064 427 303	−8 070 105 478
换热器 2	1 349 320 891	7 179 922 705	18 188 969 296	−11 068 212 892
换热器 3	2282 197 003	9 899 839 431	21 278 198 749	−14 280 235 183
透平 1	3 311 737 406	10 364 734 846	49 205 378 818	−11 081 851 070
透平 2	2 739 389 263	11 661 774 859	61 139 967 583	−10 681 131 705
透平 3	2 755 917 828	11 557 259 125	63 734 441 673	−11 577 618 626
换热器 4	6 972 056.17	121 852 582.8	4 647 225 440	−1 760 050 079
换热器 5	10 531 097.06	154 670 687.5	6 966 407 138	−2 115 608 923
换热器 6	8 758 729.355	140 204 900	5 635 014 905	−1 642 978 535
换热器 7	669 233 943	6 175 899 863	9 550 766 057	−6 175 899 863
换热器 8	537 868 339.4	8 970 708 675	3 552 461 459	−3 061 038 473
饱和器	8 058 545 455	14 984 457 160	19 199 258 182	−11 392 260 796
节流阀	3 088 301 887	50 011 698 113	51 471 698 113	−51 011 698 113

第3章

复杂能量系统的多指标综合分析方法

在复杂能量系统(如储能电站)进行示范或者商运之前，其经济性是决定该能量系统能否最终投入商运的重要指标。且随着我国当前提出的"3060 双碳目标"(2030 年之前实现碳排放达峰，在 2060 年之前实现碳中和)要求，对能量系统碳排放管理的要求也越来越严格。因此，现有能量系统规划需综合考虑系统的第一定律效率(energy efficiency)、㶲效率(exergy efficiency)、经济性(economy)及排放(emission)等综合指标(4E)，相关方法常用于复杂能量系统分析，也称之为能量系统的 4E 分析，本章将对该方法举例并说明其用法，为读者提供一种能量系统综合方法。

3.1　能量系统多 E 分析模型

3.1.1　㶲分析模型

㶲是指系统内工质可逆地变化到与环境平衡时，可作出的最大有用功。㶲分析是基于热力学第二定律从能量品位的角度对系统效率进行分析，可以揭示系统能量损失的程度、大小以及部位，可以为系统节能以及结构优化提供更好的建议。对于空气、CO_2 等常规动力系统循环工质来讲，在忽略磁、电、核及表面张力的情况下，其总㶲即物流㶲，包含物理㶲、动能㶲、势能㶲及化学㶲，可用下式表示

$$ex = ex^{ph} + ex^{kn} + ex^{pt} + ex^{ch} \tag{4-1}$$

其中，ex^{ph}——工质的比物理㶲，kJ/kg；

　　　ex^{kn}——工质的比动能㶲，kJ/kg；

　　　ex^{pt}——工质的比势能㶲，kJ/kg；

　　　ex^{ch}——工质的比化学㶲，kJ/kg。

若忽略工质的动能与势能，则式(4-1)可改写为

$$ex = ex^{ph} + ex^{ch} \tag{4-2}$$

工质的比物理㶲可根据下式进行计算

$$ex_i^{ph} = (h_i - h_0) - T_0(s_i - s_0) \tag{4-3}$$

其中，s——工质的比熵，kJ/kg · ℃；

　　　下标"i"表示状态 i；

下标"0"表示工质的基准状态，本书中工质的基准状态取：$T_0 = 25℃$，$p_0 = 101.325\text{kPa}$。

工质的化学㶲可以根据以下公式进行计算

$$\text{ex}^{\text{ch}} = \sum_{j=1} x_j \text{ex}_j^{\text{ch}} + RT_0 \sum_{j=1} x_j \ln(x_j) \tag{4-4}$$

其中，ex_j^{ch}——工质中第 j 种组分的比化学㶲，kJ/kg；

x_j——工质中第 j 种组分的质量分数，$\%$。

假设燃料的化学方程式为 $C_x H_y$，则燃料的化学㶲可采用如下公式进行计算：

$$\text{ex}_{fuel}^{\text{ch}} = \text{LHV}_{fuel}\left(1.033 + 0.0169\frac{y}{x} - \frac{0.0698}{x}\right) \tag{4-5}$$

其中，$\text{ex}_{fuel}^{\text{ch}}$——燃料的比化学㶲，$\text{kJ/kg}$；

LHV_{fuel}——燃料的低位发热量，kJ/kg。

㶲损表示在某个过程中，最大可用能的损失数量，可根据㶲平衡方程计算㶲损：

$$\dot{\text{Ex}}^Q + \sum \dot{m}_{\text{in}}\text{ex}_{\text{in}} = \sum \dot{m}_{\text{out}}\text{ex}_{\text{out}} + W + \dot{\text{Ex}}^D \tag{4-6}$$

其中，$\dot{\text{Ex}}^D$——工质的㶲损，kJ；

$\dot{\text{Ex}}^Q$——工质的热量㶲，kJ；

$\sum \dot{m}_{\text{in}}\text{ex}_{\text{in}}$——工质的总输入物理㶲，$\text{kJ}$；

$\sum \dot{m}_{\text{out}}\text{ex}_{\text{out}}$——工质的总输出物理㶲，$\text{kW}$；

W——工质对外界所做的功量，kW。

由式(4-6)可推导得到㶲损的计算公式：

$$\dot{\text{Ex}}^D = \sum \dot{m}_{\text{in}}\text{ex}_{\text{in}} - \sum \dot{m}_{\text{out}}\text{ex}_{\text{out}} + \dot{\text{Ex}}^Q - W \tag{4-7}$$

其中

$$\dot{\text{Ex}}^Q = \dot{Q}\left(1 - \frac{T_0}{T}\right) \tag{4-8}$$

式中，T——工质温度，$℃$；

$\dot{Q}$——工质的吸热或放热速率，kW，吸热值为正，放热值，为负。

某个时间段内工质的㶲损可由单位时间内工质的㶲损对时间进行积分得

$$\text{Ex}^D = \int \dot{\text{Ex}}^D \text{d}t \tag{4-9}$$

每个系统部件的热力学过程的特性并不相同，当计算部件的㶲损时，可根据该部件的特性，对式(4-7)及式(4-9)做出变形简化。

3.1.2 经济性分析模型

在系统商业运行之前，经济性是决定其能否最终投入商业运行的关键指标，因此经济性分析对于系统的实际应用至关重要。本书基于全生命周期的年度总成本分析方法，开展能量系统的经济性分析。其中，年度总成本主要由三部分成本构成，其计算公式如下：

$$C_{ATC} = C_{AC} + C_{O\&M} + C_{fuel} \tag{4-10}$$

其中，C_{ATC}——系统年度总成本，\$；

C_{AC}——系统年度资金成本，\$；

$C_{O\&M}$——系统年度运维成本，\$；

C_{fuel}——系统年度燃料成本，\$。

系统年度资金成本可由下式进行计算：

$$C_{AC} = C_{TIC} \times \alpha_{CRF} \tag{4-11}$$

其中，

$$C_{TIC} = \sum_i Z_i \tag{4-12}$$

$$\alpha_{CRF} = \frac{i(1+i)^n}{(1+i)^n - 1} \tag{4-13}$$

其中，C_{TIC}——系统初始总投资，\$；

α_{CRF}——资金回收系数；

Z_i——第 i 个组件的购买成本，\$；

i——资金折现率；

n——系统预估使用寿命，年。

系统年度运维成本可由如下公式进行计算：

$$C_{O\&M} = \beta \cdot C_{TIC} \tag{4-14}$$

式中，β——系统部件运维成本比，%。

若能量系统的系统年度燃料成本由两部分构成：低谷电成本以及燃烧所消耗的天然气成本，则能量系统年度燃料成本具体计算公式如下：

$$C_{fuel} = \left(\frac{E_c}{3.6} \times c_{off-peak} + m_{NG} \times c_{NG} \right) \times 365 \times \varphi \tag{4-15}$$

其中，

$$E_c = \int_0^{t_{ch}} \left(\sum P_{ci} \right) dt \tag{4-16}$$

$$m_{NG} = \int_0^{t_{dis}} \dot{m}_{NG} dt \tag{4-17}$$

其中，E_c——压气机耗电量，MJ；

P_{ci}——压气机耗电功率，MW；

$c_{off-peak}$——低谷电价，\$/kWh；

m_{NG}——燃烧消耗天然气总量，kg；

c_{NG}——天然气价格，\$/kg；

φ——系统容量系数，表示一年中系统工作时间所占比例。

表 3-1 所示为常见能量系统中各个部件的成本方程。

表 3-1　常见能量系统各部件成本方程

部件	投资成本方程(\$)
压气机	$Z_{c1} = \dfrac{71.1\, \dot{m}_{air}}{0.92 - \eta_c} \times \pi_c \times \ln(\pi_c)$
换热器	$Z_{hex1} = 12000 \left(\dfrac{A_{hex1}}{100} \right)^{0.6}$
储气洞穴	$Z_{cav} = 33.34 \times V$
节流阀	$Z_{valve} = 114.5 \times \dot{m}_{air}$
燃烧室	$Z_{cc2} = \dfrac{46.08\, \dot{m}_{gas}}{0.0158} \times (1 + \exp(0.018 T_{out} - 26.4))$
透平	$Z_{t1} = \dfrac{479.34\, \dot{m}_{gas}}{0.92 - \eta_t} \times \ln(\pi_t) \times (1 + \exp(0.036 T_{in} - 54.4))$
S-CO$_2$ 透平	$Z_{s,t} = \dfrac{392.2\, \dot{m}_{CO_2}}{1 - \eta_{s,t}} \times \ln(\pi_{s,t}) \times (1 + \exp(0.036 T_{in} - 65.7))$
S-CO$_2$ 压缩机	$Z_{s,c} = 705.5 \times \left(1 + \dfrac{0.2}{1 - \eta_{s,c}} \right) \times (P_{s,c})^{0.7}$
加热器	$Z_{hetaer} = 820800 \times Q_{heater}^{0.7327} \times f$ $f = \begin{cases} 1, & T < 550 \\ 1 + 5.3\, e^{-6} (T - 550)^2, & T \geq 550 \end{cases}$

部件	投资成本方程（＄）
回热器	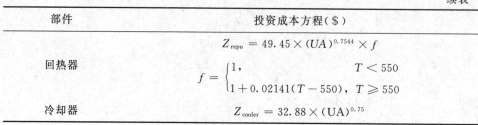
冷却器	$Z_{cooler} = 32.88 \times (UA)^{0.75}$

$$Z_{repu} = 49.45 \times (UA)^{0.7544} \times f$$

$$f = \begin{cases} 1, & T < 550 \\ 1 + 0.02141(T - 550), & T \geqslant 550 \end{cases}$$

3.1.3 环境性能分析模型

能量系统在完成能量转换的过程中，同时也会排放出一定的污染物，带来相应的环境问题。例如，燃烧天然气会排放 CO_2、NO_2、SO_2 及粉尘等环境有害物质，而这些不同的有害物质则会分别对环境产生不同影响。目前，关于能源系统的环境性分析研究还是主要集中在 CO_2 排放量对环境的影响，但若仅考虑 CO_2 排放量对于环境的影响会使得对系统的环境性分析具有一定程度的片面性，因此，本节建立了一个综合环境性分析模型，以期对能量系统的环境影响做出更全面的评价。表 3-2 所示为天然气燃烧所产生的各项污染物的排放系数，表 3-3 所示为各项污染物的污染潜能。

表 3-2 天然气排放系数

污染物名称	CO_2	CH_4	N_2O	SO_2	NO_2	$PM_{2.5}$
排放系数/g·kWh^{-1}	203.74	0.015	0.004	0.011	0.202	0.0012

表 3-3 污染物污染潜能

污染物名称	温室效应潜能	酸化效应潜能	$PM_{2.5}$ 污染物潜能
CO_2	1	—	—
CH_4	21	—	—
N_2O	310	0.7	—
SO_2	—	1	1.9
NO_x	—	0.7	0.3
$PM_{2.5}$	—	—	1

能量系统的污染物排放总量计算公式如下：

$$\text{PROD}_i = \frac{\kappa_i m_{\text{NG}} \text{LHV}_{\text{NG}}}{3600} \tag{4-18}$$

其中，i——系统排放的污染物类别；

κ_i——污染物 i 的排放系数；

PROD_i——污染物 i 的排放量，g；

LHV_{NG}——天然气低位发热量，kJ/kg。

能量系统的温室效应计算公式如下：

$$\text{GRE} = \sum_i \text{PROD}_i \beta_{i,\text{GRE}} \tag{4-19}$$

其中，GRE——系统温室效应；

$\beta_{i,\text{GRE}}$——污染物 i 的温室效应潜能因子。

D-CAES+S-CO$_2$ 混合能量系统的酸化效应计算公式如下：

$$\text{ACE} = \sum_i \text{PROD}_i \beta_{i,\text{ACE}} \tag{4-20}$$

其中，ACE——系统酸化效应；

$\beta_{i,\text{ACE}}$——污染物 i 的酸化效应潜能因子。

能量系统的 PM$_{2.5}$ 污染效应计算公式如下：

$$\text{PAM} = \sum_i \text{PROD}_i \beta_{i,\text{PM}_{2.5}} \tag{4-21}$$

其中，PAM——系统 PM$_{2.5}$ 污染效应；

$\beta_{i,\text{PM}_{2.5}}$——污染物 i 的 PM$_{2.5}$ 污染效应的潜能因子。

3.2 系统 4E 性能评价指标

3.2.1 热力性能评价指标

系统能量分析及㶲分析均是基于热力学的基本原理，只是分析的角度不同，因此本书将能量分析评价指标及㶲分析评价指标统称为热力性能评价指标。

能量分析基于热力学第一定律，只从能量数量的角度来评价系统性能，若所涉及的能量系统的输入能量低谷电能及消耗天然气的化学能；输出能量高峰负荷输出电能、冷能及热能。本书选取循环热效率 η_{RTE} 作为能量分析评价指标，其可以定义为系统在整个运行过程中输入能量与输出能量的比值，具体可表示为

$$\eta_{\text{RTE}} = \frac{E_t + E_{\text{heating}} + E_{\text{cooling}}}{E_c + m_{\text{NG}} LHV_{\text{NG}}/1000} \tag{4-22}$$

其中，

$$E_t = \int_0^{t_{\text{dis}}} P_t \, \mathrm{d}t \tag{4-23}$$

$$E_{\text{heating}} = \int_0^{t_{\text{dis}}} P_{\text{heating}} \, \mathrm{d}t \tag{4-25}$$

$$E_{\text{cooling}} = \int_0^{t_{\text{dis}}} P_{\text{cooling}} \, \mathrm{d}t \tag{4-26}$$

其中，E_t——发电量，MW；

$\quad\quad P_{\text{heating}}$——向外界的供热功率，MW；

$\quad\quad E_{\text{heating}}$——向外界提供的热量，MJ；

$\quad\quad P_{\text{cooling}}$——向外界的供冷功率，MW；

$\quad\quad E_{\text{cooling}}$——向外界提供的冷量，MJ。

本书选取㶲效率 η_{ex} 作为㶲分析评价指标，其可定义为系统在整个运行过程中输出㶲与输入㶲的比值，则㶲效率 η_{ex} 的计算公式可表示为

$$\eta_{\text{ex}} = \frac{E_t + E_{\text{x, heating}} + E_{\text{x, cooling}}}{E_c + m_{\text{NG}} e_{\text{x, NG}}/1000} \tag{4-27}$$

其中，

$$E_{\text{x, heating}} = \int_0^{t_{\text{dis}}} P_{\text{heating}} \left(1 - \frac{T_0}{T_{\text{heating}}}\right) \mathrm{d}t \tag{4-28}$$

$$E_{\text{x, cooling}} = \int_0^{t_{\text{dis}}} P_{\text{cooling}} \left(1 - \frac{T_{\text{cooling}}}{T_0}\right) \mathrm{d}t \tag{4-29}$$

其中，$E_{\text{x, heating}}$——向外界输出的热量㶲，MJ；

$\quad\quad E_{\text{x, cooling}}$——向外界输出的冷量㶲，MJ；

$\quad\quad e_{\text{x, NG}}$——天然气比化学㶲，kJ/kg；

$\quad\quad m_{\text{NG}}$——天然气消耗量，kg。

3.2.2　经济性能评价指标

本书选取平准发电成本(levelized cost of electricity，LCOE)作为能量系统的经济性能评价指标，其可定义为能量系统每生产 1kWh 电能所需成本，可由以下公式进行计算：

$$\text{LCOE} = \frac{C_{ATC}}{E_{net}} = \frac{C_{AC} + C_{O\&M} + C_{fuel}}{(E_t + E_{s,\,net}) \times 365 \times \varphi} \times 3.6 \tag{4-30}$$

其中，LCOE——度电成本，$/kWh；

E_{net}——年度净发电量，kWh。

3.2.3 环境性能评价指标

为综合考虑能量系统燃烧天然气所造成的温室效应、酸化效应及 $PM_{2.5}$ 污染效应，本书选取度电综合环境效应指数为环境性能评价指标，其可定义为能量系统每生产 1kWh 电能对环境所造成的影响，可由以下公式进行计算

$$\text{COE} = \frac{\omega_1 \text{GRE} + \omega_2 \text{ACE} + \omega_3 \text{PAM}}{E_{net}} \times 3.6 \tag{4-31}$$

式中，COE——度电综合环境效应指数；

ω_1——温室效应权重系数；

ω_2——酸化效应权重系数；

ω_3——$PM_{2.5}$ 污染效应权重系数，$\omega_1 = \omega_2 = \omega_3 = 1/3$。

3.3 典型能量系统的多指标综合分析案例分析

相比于非绝热压缩空气储能（D-CAES），绝热压缩空气储能（A-CAES）无碳排放且系统效率高。为避免单级压缩因增压比过高而影响容积效率及气体终温过高，进而导致润滑油变质及更高材质要求与制造成本，压缩空气储能系统的压气机常采用多级压缩级间冷却的形式。A-CAES 采用储热装置回收压缩过程产生的压缩热，其储存于储热装置中的蓄热介质温度一般低于各级压气机排气温度。综上所述，A-CAES 难以与高温储热耦合，且储热装置的增加会导致其结构复杂、系统投资及维护成本增加。目前 A-CAES 尚处于工程示范阶段，而 D-CAES 相比于 A-CAES 具有储能容量大、单机功率高、结构简单、成本较低、运行灵活性高等优点，当前大规模商业运行的压缩空气储能电站大多为 D-CAES 类型。

D-CAES 由于未对压缩热进行回收，且需要消耗额外燃料用来加热压缩空气，导致其系统效率相对较低。同时 D-CAES 在释能过程中会向外界排放高温烟气，美国 McIntosh 压缩空气储能电站通过回热器回收烟气余热并加热压缩空气，

其燃料消耗量可降低 25%，系统效率可提升 12%[①]。随着余热回收技术的发展，将 D-CAES 与余热回收底循环进行耦合以提升整体系统效率，受到了越来越多的关注。Zhao 等[②]提出了一种 D-CAES 耦合 Kalina 循环的能量系统，研究表明，耦合系统的㶲效率相较于单独的 D-CAES 系统提升了 4%。Meng 等[③]采用有机朗肯循环（ORC）对 D-CAES 的烟气余热进行回收，研究了 5 种不同有机工质对余热回收性能的影响，整体系统的循环效率相较于单独的 D-CAES 系统分别提升了 3.32%～3.95%。Razmi[④] 利用 ORC 将 D-CAES 烟气中的余热转化为电能，然后利用这部分电能来驱动吸收－压缩式制冷循环，整体系统的循环效率相较于单独的 D-CAES 提升了 13.15%。

超临界二氧化碳（S-CO_2）循环由于其优异的性能，目前广泛应用于核反应堆、太阳能光热电站及船舶内燃机等领域的余热回收。与其他余热回收技术相比，SCO_2 循环具有循环效率高、结构紧凑、成本低等优势，而且 S-CO_2 循环可匹配的热源温度较广（200～800℃），其作为余热回收底循环可以很好地适应顶循环的工况变化。因此，采用 S-CO_2 循环对 D-CAES 的高温烟气余热进行回收是一种潜在可行的方式。

S-CO_2 循环具有多种布置形式，其中 S-CO_2 简单回热式循环与 S-CO_2 基础循环相比，系统效率较高，而与 S-CO_2 再压缩循环等相比结构较为简单，因此选择 S-CO_2 简单回热式循环作为 D-CAES 余热回收底循环。

为对 D-CAES 的烟气余热进行充分利用，并满足用户侧的多种能源需求，提出了一种耦合 S-CO_2 简单回热式循环的压缩空气储能冷热电联供系统（S-CO_2CAESCHP），以循环效率、㶲效率、度电成本及度电综合环境效应指数为性

---

① MENG Hui, WANG Meihong, OLUMAYEUN O, et al. Process design, operation and economic evaluation of compressed air energy storage (CAES) for wind power through modelling and simulation[J]. Renewable Energy, 2019, 136: 923－936.

② ZHAO Pan, WANG Jiangfeng, DAI Yiping. Thermodynamic analysis of an integrated energy system based on compressed air energy storage (CAES) system and Kalina cycle[J]. Energy Conversion and Management, 2015, 98: 161－172.

③ MENG Hui, WANG Meihong, ANEKE M, et al. Technical performance analysis and economic evaluation of a compressed air energy storage system integrated with an organic Rankine cycle[J]. Fuel, 2018, 211: 318－330.

④ RAZMI A, SOLTNI M, TORABI M. Investigation of an efficient and environmentally－friendly CCHP system based on CAES, ORC and compression－absorption refrigeration cycle: Energy and exergy analysis[J]. Energy Conversion and Management, 2019, 195: 1199－1211.

能指标,对该冷热电三联供系统与传统 D-CAES 系统进行了综合对比分析。同时,研究了系统相关参数对性能指标的影响,最后以性能指标为目标函数、系统相关参数为决策变量,对该冷热电三联供系统进行了多目标优化。

3.3.1　系统概述

S-CO$_2$CAESCHP 系统如图 3-1 所示,其主要部件包括:压气机(C1、C2 和 C3)、级间换热器(HEX1 和 HEX2)、级后换热器(HEX3)、制冷换热器(HEX4)、空气预热器(HEX5)、储气洞穴、节流阀、燃烧室(CB1 和 CB2)、高压燃气透平(HP)及低压燃气透平(LP)、CO$_2$ 压缩机(SC)、CO$_2$ 透平(SP)、加热器(Heater)、回热器(Recu)及冷却器(Cooler)。该系统按照供能类型的不同可划分为 CAES 供电子系统、S-CO$_2$ 循环供电子系统、供冷子系统、供热子系统。

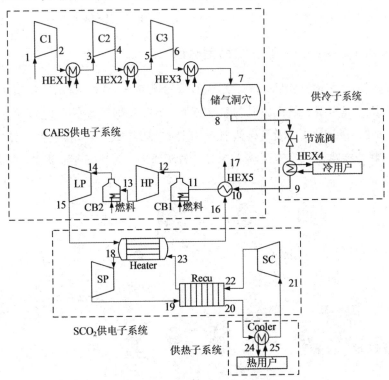

图 3-1　S-CO$_2$CAESCHP 系统示意图

S-CO$_2$CAESCHP 的运行过程如下:在储能阶段,来自外部的电能驱动压气机压缩空气,空气经多级压缩、冷却后被存储至储气洞穴,在释能阶段,空气由储气洞穴流出并进入节流阀进行节流,在此过程中,由于膨胀和节流效应,空气温度会降低，因此布置制冷换热器来回收这部分空气冷量，并将冷量供给冷用户。空气随后继续进入空气预热器及燃烧室进行加热及燃烧，生成的高温高压烟气驱动高、低压燃气透平发电。低压燃气透平排出的高温烟气首先用于驱动 S-CO_2 循环发电，然后流入空气预热器加热压缩空气，随后排至外部环境。S-CO_2 循环供电子系统排出的余热品位较低（85℃左右），适合给家庭或商业楼宇供热。

3.3.2　系统仿真建模流程

对于所提出的 D-CAES＋S-CO_2 混合能量系统采用模块化的建模方式，首先将 D-CAES＋S-CO_2 混合能量系统分为两个子系统模块：D-CAES 子系统模块和 S-CO_2 子系统模块，将每个子系统模块分为若干个部件，对每个部件进行热力学建模，然后再将各个部件模型进行连接，组成子系统模块，最后将子系统模块进行耦合连接，从而构成完整的 D-CAES＋S-CO_2 能量系统热力学模型。

3.3.2.1　D-CAES 子系统模型分解

图 3-2 所示为本文 D-CAES 子系统的结构流程图，如图所示，本书 D-CAES 子系统采用三级压缩、两级膨胀的系统方案。D-CAES 子系统部件包含：压气机 1、压气机 2、压气机 3、级间换热器 1、级间换热器 2、级后换热器、储气洞穴、节流阀、制冷换热器、空气预热换热器、高压透平、低压透平、燃烧室 1 及燃烧室 2。

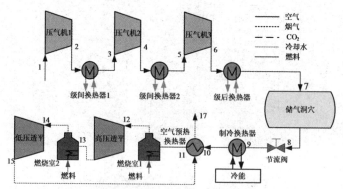

图 3-2　D-CAES 子系统结构流程图

D-CAES 子系统的运行可分为两个阶段：储能阶段与释能阶段。在储能阶段，来自可再生能源（风能、太阳能等）或者电网的低谷电能驱动压气机工作，环境温度、压力的空气经压气机 1 压缩后，其温度压力上升，为了降低单位质量空气的压气机耗功，空气在进入下一级压气机之前需要进行级间冷却，因此压气机1出口空气首先进入级间换热器1与冷却水进行换热，然后再进入下一次压气机继续被压缩，后面两级压气机的工作原理与第一级压气机相同，经三级压缩的空气变为高压空气，然后进入储气洞穴进行储存。

在释能阶段，D-CAES子系统中：储存在储气洞穴中的压缩空气流出，为了使透平入口压力及质量流量维持恒定，从而使透平在稳定工况下进行高效工作，因此在储气洞穴出口布置节流阀以调节透平入口压力与质量流量；由于压缩空气在流出储气洞穴的过程中，温度会逐渐降低，而且压缩空气流经节流阀时会产生焦耳-汤姆逊冷却效应，温度会进一步降低，因此在节流阀后布置制冷换热器，以回收这部分低温空气的冷量；为了降低燃烧室1的燃料消耗量，需要对进入燃烧室前的高压空气进行预热，因此在燃烧室1前布置空气预热换热器；经预热的压缩空气首先进入燃烧室1，与燃料混合燃烧生成高温高压烟气，然后进入高压透平膨胀做功，高压透平的排气进入燃烧室2，继续与燃料混合燃烧，烟气温度进一步升高，然后进入低压透平继续膨胀做功，低压透平出口的高温烟气进入空气预热换热器，将热量传递给压缩空气，从而实现预热目的，降低燃烧室1的燃料消耗量。

D-CAES子系统部件及模型涉及为6类，分别为压气机部件模型（压气机1、压气机2、压气机3）、换热器部件模型（级间换热器1、级间换热器2、级后换热器、制冷换热器、空气预热换热器）、储气洞穴部件模型、节流阀部件模型、燃烧室部件模型（燃烧室1、燃烧室2）、透平部件模型（高压透平、低压透平）。具体相关算法及模型请参考本书第一章相关内容。

3.3.2.2 S-CO$_2$子系统模型分解

图3-3所示为本书S-CO$_2$子系统的结构流程图，如图所示，由于回热式S-CO$_2$循环具有效率高、结构简单等优点，因此本书中S-CO$_2$子系统采用常规回热式系统方案。S-CO$_2$子系统部件包含：S-CO$_2$压缩机、S-CO$_2$透平、加热器、回热器及冷却器。

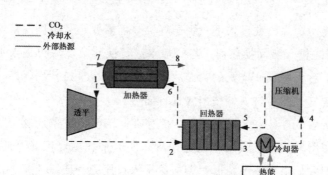

图 3-3 S-CO$_2$ 子系统结构流程图

S-CO$_2$ 子系统的工作原理如下：CO$_2$ 在加热器中与外部热源进行换热（6—1），被加热至较高温度后进入 S-CO$_2$ 透平膨胀做功（1—2）；S-CO$_2$ 透平出口的超临界 CO$_2$ 但仍有较高温度，因此通过回热器将热流体侧 CO$_2$ 的热量传递给冷流体侧 CO$_2$（2—3）；回热器热流体出口的 CO$_2$ 的温度降低，但为了将其温度将至临界点附近，以降低 S-CO$_2$ 压缩机耗功，因此 CO$_2$ 需要进入冷却器完成进一步的降温，环境温度的冷却水流经冷却器与 CO$_2$ 进行换热，冷却水吸收 CO$_2$ 的释放的热量后变为热水，这部分热水用于生活供热；冷却器出口的 CO$_2$ 进入 S-CO$_2$ 压缩机；经压缩的 CO$_2$ 随后进入回热器吸收来自热流体侧的热量；换热完成后，CO$_2$ 温度升高并进入加热器继续与外部热源进行换热，由此完成一个完整的超临界二氧化碳布雷顿循环。

S-CO$_2$ 子系统分为 3 类组件，分别为压缩机组件、透平组件、换热器组件（加热器、再热器、冷却器）。具体相关算法及模型请参考本书第一章相关内容。

3.3.3 仿真算法实现

基于模块化建模的理念，使用 Simulink 进行建模工作，Simulink 是美国 Mathworks 公司推出的 MATLAB 中集成的一种可视化仿真工具，具有适应面广、结构和流程清晰及仿真精细、兼容性强、扩展性高、效率高、灵活等优点，目前已被广泛应用于汽车、航空、工业自动化、大型建模、信号处理等方面。

本书将 D-CAES＋S-CO$_2$ 混合能量系统分为两个子系统模块：分别进行建模，D-CAES 子系统模块和 S-CO$_2$ 子系统模块，然后将每个子系统模块分为若干个部件模型，在 Simulink 环境中对每个部件进行热力学建模，然后再将各个部件模型进行连接，组成子系统模块，然后再将子系统模块进行耦合连接，从而构成完整的系统仿真模型。

以压气机和换热器模型为例，图 3-4 所示为基于 Simulink 搭建的压气机仿真模块，图 3-5 所示为基于 Simulink 搭建的换热器仿真模块。

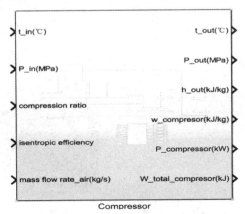

图 3-4　Simulink 压缩机仿真模块

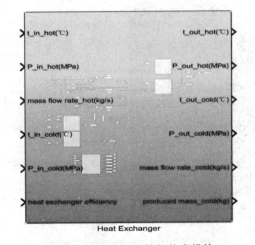

图 3-5　Simulink 压缩机仿真模块

在实际仿真过程中，模拟的是整个系统的热力学过程，因此单个组件是无法运行的，需要所有组件的需要将组件进行连接，即组件之间需要进行数据的传输，前组件的输出参数为后组件的输入参数，以"压气机-换热器"（图 3-6）和"燃烧室-透平"（图 3-7）为例，压气机模型输出的空气温度、压力就是换热器模型的输入空气温度、压力，然后再由换热器模型计算换热器输出空气温度、压力；燃烧室模型的输出烟气温度、压力就是透平模型的输入烟气温度、压力，然后再由透平模块计算透平输出烟气温度、压力。

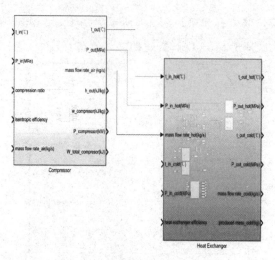

图 3-6 "压缩机-换热器"仿真模块

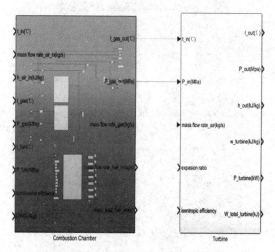

图 3-7 "燃烧室-透平"仿真模块

在进行热力学仿真计算时，工质的热力学物性参数计算是至关重要的，物性参数计算是否精确直接影响到模型仿真结果的准确性与可靠性，进而会影响对整体系统热力学模型性能指标的评价。最开始，人们普遍采用基于大量实验数据拟合所得到的热物性经验公式，但是由于热物性经验公式受到本身实验数据的限制，其不具备广泛适用性，而且临界点附近的物性参数变化十分剧烈，规律性较差，难以由实验数据获取经验公式，因此，随着计算机技术的发展，人们开始普遍使用热物性计算软件计算工质的热物性参数。

3.3.4 模型验证

由于 D-CAES 子系统系统模型的复杂性与差异性，难以在整体系统的角度上对 D-CAES 系统进行验证，因此对 D-CAES 中关键部件模型包括压气机模型、透平模型、燃烧室模型以及储气洞穴模型分别进行验证，表 3-3、3-4 及 3-5 分别列出了压气机模型、透平模型及燃烧室模型的输入参数，表 3-6、3-7 及 3-8 分别列出了压气机模型、透平模型及燃烧室模型的计算结果，并将计算结果与文献中数据进行了误差对比分析。

表 3-3　压气机模型输入参数

输入参数	数值
入口空气温度/℃	20
入口空气压力/MPa	0.101
压比	8.44
等熵效率	0.88
入口空气质量流量/(kg·s⁻¹)	98.83

表 3-4　透平模型输入参数

输入参数	数值
入口空气温度/℃	549.85
入口空气压力/MPa	4.2
膨胀比	3.818
等熵效率	0.8
入口空气质量流量/(kg·s⁻¹)	420.992

表 3-5　燃烧室输入参数

输入参数	数值
入口空气温度/℃	40
入口空气压力/MPa	0.7
入口空气流量/(kg·s⁻¹)	0.06
出口烟气温度/℃	800

续表

输入参数	数值
燃烧效率	0.95
燃料低位发热量/(kJ·kg^{-1})	48000

其中最大误差来源于燃烧室模型，计算得出所需燃料质量流量与文献中数据误差为 4.2%，这主要是因为本书燃烧室模型考虑了入口燃料本身所携带的能量，而参考文献模型中未考虑这部分能量，但在建模时考虑入口燃料本身所携带的能量更符合燃料与空气混合燃烧过程的能量守恒原则，从而使模型更加精确。另外，不同的物性计算方法也会引起一定的计算误差，虽然均采用 NIST REFOPROP 来进行物性参数的计算，但是在计算时所采用的物性模型也可能会有所不同。综上所述，尽管本书所建立的压缩机模型、透平模型、燃烧室模型以及储气室模型与参考文献模型在计算结果上存在一定误差，但是误差均在合理范围之内，最大误差小于 5%，因此以上模型均为可靠的。

表 3-6　压气机模型计算结果及误差分析

计算结果	文献数据[①]	模型计算结果	相对误差
出口空气温度/℃	299.4	292.2	2.4%
出口空气压力/MPa	0.854	0.854	0
功率/MW	28.346	27.752	2.1%

表 3-7　透平模型计算结果及误差分析

计算结果	文献数据[②]	模型计算结果	相对误差
出口空气温度/℃	355.11	352.4	0.76%
出口空气压力/MPa	1.1	1.1	0

① Zhao, P., J. Wang., Y. Dai. Thermodynamic analysis of an integrated energy system based on compressed air energy storage (CAES) system and Kalina cycle[J]. Energy Conversion and Management, 2015.98: 161-172.

② Zhao, P., J. Wang., Y. Dai. Thermodynamic analysis of an integrated energy system based on compressed air energy storage (CAES) system and Kalina cycle[J]. Energy Conversion and Management, 2015.98: 161-172.

续表

计算结果	文献数据	模型计算结果	相对误差
透平功率/MW	92.52	90.53	2.2%

表 3-8 燃烧室计算结果及误差分析

计算结果	文献数据[①]	模型计算结果	相对误差
所需燃料质量流量/(kg·s⁻¹)	0.0012	0.00115	4.2%

储气洞穴模型采用和参考文献中储气洞穴模型相同的输入参数，洞穴内空气初始温度和压力分为别 25℃ 和 4.8MPa，壁面温度为 25℃，进口空气温度、压力及流量分别为 50℃、7.2MPa、108kg/s，充气时间设置为 8h，并将模型仿真计算结果进行了误差分析。由图 3-9 可知储气洞穴内空气压力的仿真计算结果几乎不变，由图 3-8 可知储气洞穴内空气温度的仿真计算结果略有偏差，但最大偏差不超过 1℃，引起偏差的主要原因为储气洞穴模型与参考文献储气洞穴模型洞壁内部空气对流换热系数计算方式的不同，本书储气洞穴模型采用基于实验数据拟合的经验公式计算洞穴有效换热系数，而参考文献则将对流换热系数作为定值进行计算。综上所述，储气室模型精度满足要求。

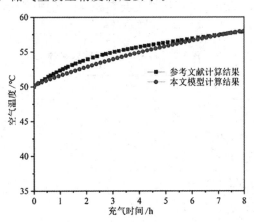

图 3-8 储气洞穴内空气温度变化

① Sadreddini，A.，et al. Exergy analysis and optimization of a CCHP system composed of compressed air energy storage system and ORC cycle[J]. Energy Conversion and Management，2018. 157：111－122.

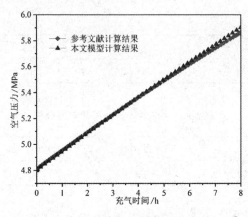

图 3-9　储气洞穴内空气压力变化

书中 S-CO_2 子系统结构为常规回热式结构，相关文献中有于相同系统的建模计算，因此可从整体系统的角度对 S-CO_2 子系统进行验证，表 3-9 列出了 S-CO_2 子系统输入参数，表 3-10 列出了 S-CO_2 子系统模型计算结果，并将结算结果与文献数据进行了误差对比分析。验证结果显示各项误差均在允许的范围内，其中最大误差为 1.92%，小于 5%。误差产生的原因主要有两个：①本书所建立的 S-CO_2 子系统考虑了换热器压损，而文献中所建立的模型忽略了除压缩机和透平外的全部压力变化；②临界点附近 CO_2 物性变化较为剧烈，即使采用商用专业软件计算物性，每次的计算结果也会存在一定的偏差。综上所述，S-CO_2 子系统模型满足精度要求。

表 3-9　S-CO_2 子系统输入参数

输入参数	数值
热源入口温度/℃	460
热源入口压力/MPa	0.101
热源流量/(kg·s^{-1})	70.63
系统最高循环压力/MPa	20
系统最低循环压力/MPa	8
压缩机入口温度/℃	38
压缩机等熵效率	0.85
透平等熵效率	0.87
加热器热端温差/℃	20

续表

输入参数	数值
加热器冷端温差/℃	10
回热器冷端温差/℃	10

表 3-10　S-CO$_2$ 子系统计算结果误差分析

计算结果	文献数据	模型计算结果	误差
透平功率/MW	6.41	6.53	1.9%
压缩机功率/MW	2.27	2.31	1.69%
系统净功率/MW	4.14	4.22	1.92%
系统热效率	31.02%	31.02%	0%

3.3.5　系统耦合方案设计

D-CAES 子系统与其他余热回收底循环(包括:ORC、Kalina 循环等)的主要耦合方式如图 3-10(a)所示,即 D-CAES 子系统中透平排出的高温烟气首先通入空气预热换热器,对压缩空气进行预热,预热过程结束后,烟气仍具有一定的温度,然后再将烟气通入余热回收底循环,对烟气中的剩余热量进行回收利用。S-CO$_2$ 子系统与其他顶循环系统(包括钠冷式核反应堆、太阳能光热电站、燃煤电厂及船舶内燃机等)的主要耦合方式如图 3-10(b)所示,即顶循环系统产生的高温余热直接通过工质通入 S-CO$_2$ 子系统,以充分利用超临界状态 CO$_2$ 在高温区间发电效率高的优势。综上所述,可根据不同的余热回收原则,设计不同的 D-CAES+S-CO$_2$ 混合能量系统耦合方案。

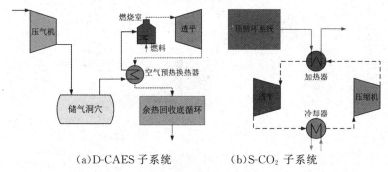

(a)D-CAES 子系统　　　(b)S-CO$_2$ 子系统

图 3-10　子系统余热回收方式

图 3-11 所示为 D-CAES＋S-CO$_2$ 混合能量系统耦合方案①，该耦合方案的余热回收原则为：采用 S-CO$_2$ 子系统对烟气中的高温段余热进行回收，采用空气预热换热器对烟气中的中低温段余热进行回收。因此，该耦合方案中：D-CAES 子系统中低压透平排出的高温烟气首先流经 S-CO$_2$ 子系统加热器与超临界 CO$_2$ 进行换热，为 S-CO$_2$ 子系统提高外部热源，流经 S-CO$_2$ 子系统加热器后烟气仍具有一定温度，因此烟气继续流入 D-CAES 子系统的空气预热换热器对压缩空气进行预热，随后烟气被排至外部环境。

图 3-12 所示为 D-CAES＋S-CO$_2$ 混合能量系统耦合方案②，该耦合方案的余热回收原则为：采用空气预热换热器对烟气中的高温段余热进行回收，采用 S-CO$_2$ 子系统对烟气中的中低温段余热进行回收。因此，该耦合方案中：D-CAES 子系统中低压透平排出的高温烟气首先流经空气预热换热器，对压缩空气进行预热，流经空气预热换热器后烟气仍具有一定温度，因此烟气继续流入 S-CO$_2$ 子系统加热器与超临界 CO$_2$ 进行换热，为 S-CO$_2$ 子系统提高外部热源，随后烟气被排至外部环境。

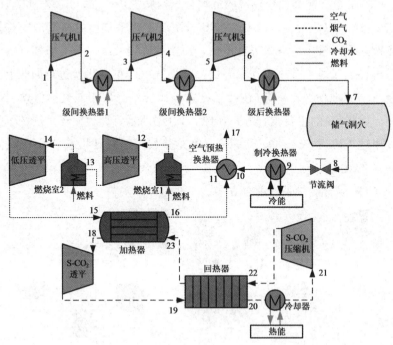

图 3-11　D-CAES＋S-CO$_2$ 混合能量系统耦合方案①

两种 D-CAES＋S-CO$_2$ 混合能量系统耦合方案虽均基于能量梯级利用原则，

采用 S-CO$_2$ 子系统对 D-CAES 子系统的烟气余热进行回收，但两种耦合方案对烟气中的高温段、中低温段的余热回收方式有所不同。耦合方案①可将烟气中的高温余热传递给超临界状态的 CO$_2$，充分利用超临界状态的 CO$_2$ 在高温区间发电效率高的优势，以尽可能增加系统发电量；而耦合方案②可将烟气中的高温余热传递给压缩空气，以尽可能降低燃烧室 1 的燃料消耗量。两种耦合方案侧重点并不相同，耦合方案①侧重于提升系统发电量，而耦合方案②则侧重于降低系统燃料消耗量，为了选出更优的耦合方案，后面将采用 4E 性能分析方法，从能量、㶲、经济及环境四个方面对 D-CAES＋S-CO$_2$ 混合能量系统两种耦合方案及单独的 D-CAES 系统进行综合对比。

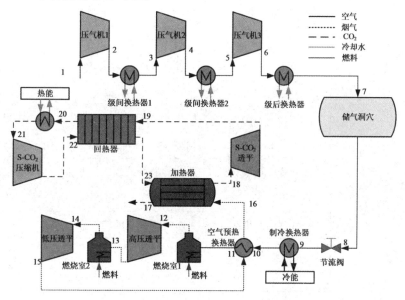

图 3-12　D-CAES＋S-CO$_2$ 混合能量系统耦合方案②

3.3.6　系统设计工况边界参数

表 3-11 列出了 D-CAES＋S-CO$_2$ 混合能量系统设计工况下的边界参数，将以上设计工况下的边界参数输入至第 2 章所建立的系统热力学模型，即可计算获得 D-CAES＋S-CO$_2$ 混合能量系统设计工况下的运行状态参数，进而可以对系统的各项性能进行分析。注意，本书中 D-CAES 子系统参照德国 Huntorf 压缩空气储能电站，将储气洞穴的最大储气压力设置为 7.2MPa，最小储气压力设置为 4.2MPa。储能阶段开始时，系统由最小储气压力开始向储气洞穴内充气，当储

气洞穴内压力升至最大储气压力时，系统停止充气，即储能阶段结束；释能阶段开始时，系统由最大储气压力向外界放气，当储气洞穴内压力降至最小储气压力时，系统停止放气，即释能阶段结束。

表 3-11　D-CAES＋S-CO$_2$ 混合能量系统设计工况边界参数

子系统	部件	参数	数值
D-CAES 子系统	压气机	等熵效率/%	89
		进口流量/(kg·s^{-1})	108
	级间和级后换热器	换热器效能	0.9
		冷却水入口温度/℃	25
	储气洞穴	最大储气压力/MPa	7.2
		最小储气压力/MPa	4.2
		储气容积/m^3	141 000
		洞穴壁面温度/℃	25
		洞穴内空气初始温度/℃	25
	制冷换热器	换热器效能	0.9
		环境空气入口温度/℃	25
	空气预热换热器	换热器效能	0.9
	燃烧室	燃烧室效率/%	95
		天然气低位发热量/(kJ·kg^{-1})	50 009
	透平	入口流量/(kg·s^{-1})	200
		等熵效率/%	89
		高压透平入口压力/MPa	4.2
		高压透平入口温度/℃	600
		低压透平入口压力/MPa	1.1
		低压透平入口温度/℃	1 000

续表

子系统	部件	参数	数值
S-CO$_2$ 子系统	压缩机	等熵效率/%	89
		入口温度/℃	32
		入口压力/MPa	7.6
		出口压力/MPa	25
	透平	等熵效率/%	89
	加热器	热端端差/℃	20
		冷端端差/℃	10
	回热器	冷端端差/℃	10
	冷却器	冷却水进口水温/℃	25
		冷却水出口水温/℃	80

3.3.7 系统耦合方案 4E 性能分析对比

3.3.7.1 热力性能对比

将表 3-11 中运行参数作为初始参数输入至第 2 章所建立的系统热力学模型,即可计算获得 D-CAES+S-CO$_2$ 混合能量系统设计工况下的运行状态,进而可以对系统的各项性能进行分析。表 3-12 及表 3-13 分别为 D-CAES+S-CO$_2$ 混合能量系统耦合方案①及耦合方案②在设计工况下系统各节点的状态参数,依据表中数据,可对两种耦合方案的热力性能进行计算。

表 3-12 D-CAES+S-CO$_2$ 混合能量系统设计工况节点状态参数:耦合方案①

状态点	T/℃	p/MPa	h/(kJ·kg^{-1})	s/(kJ·kg^{-1}·℃$^{-1}$)	m/(kg·s^{-1})	工质
1	25	0.101	298.45	6.86	108	air
2	202.8	0.4526	478.51	6.90	108	air
3	42.78	0.4188	315.71	6.51	108	air
4	230.0	1.877	506.90	6.55	108	air
5	45.60	1.736	316.0	6.10	108	air
6	236.91	7.781	510.99	6.15	108	air

状态点	$T/℃$	p/MPa	$h/(kJ \cdot kg^{-1})$	$s/(kJ \cdot kg^{-1} \cdot ℃^{-1})$	$m/(kg \cdot s^{-1})$	工质
7	46.19	7.2	306.78	5.67	108	air
9	7.74	4.2	270.37	5.70	200	air
10	23.23	4.2	287.46	5.76	200	air
11	158.88	4.2	430.45	6.15	200	air
12	600	4.2	905.43	6.91	202	fuel gas
13	368.23	1.1	651.23	6.96	202	fuel gas
14	1000	1.1	1365.55	7.73	205.1	fuel gas
15	487.50	0.101	779.48	7.43	205.1	fuel gas
16	250.14	0.101	527.50	7.49	205.1	fuel gas
17	53.28	0.101	326.93	6.95	205.1	fuel gas
18	467.50	24.8	928.85	2.56	178.39	CO2
19	336.58	7.8	794.78	2.58	178.39	CO2
20	83.38	7.7	499.49	1.95	178.39	CO2
21	32	7.6	315.08	1.38	178.39	CO2
22	73.38	25	344.67	1.39	178.39	CO2
23	240.14	24.9	639.67	2.09	178.39	CO2
24	25	0.101	104.92	0.37	143.65	Water
25	80	0.101	335.06	1.08	143.65	Water

表 3-13　D-CAES＋S-CO₂ 混合能量系统设计工况节点状态参数：耦合方案②

状态点	$T/℃$	p/MPa	$h/(kJ \cdot kg^{-1})$	$s(kJ \cdot kg^{-1} \cdot ℃^{-1})$	$m(kg \cdot s^{-1})$	工质
1	25	0.101	298.45	6.86	108	air
2	202.8	0.4526	478.51	6.90	108	air
3	42.78	0.4188	315.71	6.51	108	air
4	230.0	1.877	506.90	6.55	108	air
5	45.60	1.736	316.0	6.10	108	air
6	236.91	7.781	510.99	6.15	108	air
7	46.19	7.2	306.78	5.67	108	air
9	7.74	4.2	270.37	5.70	200	air
10	23.23	4.2	287.46	5.76	200	air

状态点	$T/℃$	p/MPa	$h/(kJ \cdot kg^{-1})$	$s(kJ \cdot kg^{-1} \cdot ℃^{-1})$	$m(kg \cdot s^{-1})$	工质
11	254.75	4.2	530.91	6.36	200	air
12	600	4.2	905.43	6.91	201.58	fuel gas
13	368.23	1.1	651.23	6.96	201.58	fuel gas
14	1000	1.1	1365.55	7.73	204.64	fuel gas
15	487.50	0.101	779.48	7.83	204.64	fuel gas
16	260.02	0.101	537.73	7.45	204.64	fuel gas
17	110.1	0.101	384.32	7.11	204.64	fuel gas
18	240.02	24.8	639.73	2.10	133.79	CO2
19	130.1	7.8	559.25	2.11	133.79	CO2
20	83.38	7.7	499.49	1.95	133.79	CO2
21	32	7.6	315.08	1.38	133.79	CO2
22	73.38	25	344.67	1.39	133.79	CO2
23	100.1	24.9	404.95	1.55	133.79	CO2
24	25	0.101	104.92	0.37	107.74	Water
25	80	0.101	335.06	1.08	107.74	Water

　　单独的 D-CAES 系统与两种耦合方案中的 D-CAES 子系统的布局结构完全一致，均采用图 3-2 所描述的系统方案。由表 3-12 和表 3-13 可知，D-CAES＋S-CO_2 混合能量系统两种耦合方案及单独的 D-CAES 系统在系统节点 11 之前的运行状态均一致，因此放气时间及制冷换热器的供冷功率均相同。由表 3-14 可知，耦合方案①、耦合方案②及单独 D-CAES 系统的循环热效率分别为 59.77%、55.34%、46.89%，两种耦合方案的循环热效率相较于单独的 D-CAES 系统，均有明显提升，这主要是因为 D-CAES＋S-CO_2 混合能量系统通过 S-CO_2 子系统对 D-CAES 子系统排放的高温烟气余热进行回收，系统发电量增加，而且 S-CO_2 子系统冷却器还可以向外界输出热能，因此循环热效率得以提升。耦合方案①的循环热效率比耦合方案②高 4.43%，这主要是因为在耦合方案①中，D-CAES 子系统的高温烟气先流入 S-CO_2 子系统加热器，然后再流入 D-CAES 子系统空气预热换热器，烟气中的高品位热能传递给给超临界 CO_2，然后烟气中的中低品位热能传递给空气预热换热器中的高压空气，这种耦合方案可以使得 S-CO_2 子系统

尽可能回收高品位热能，因此耦合方案①的 S-CO$_2$ 透平功率及冷却器供热功率相比于耦合方案②分别高 13.25MW 和 8.27MW；耦合方案②则相反，D-CAES 子系统的高温烟气先流入空气预热换热器，然后再流入 S-CO$_2$ 子系统加热器，因此烟气中的高品位热能传递给高压空气，然后烟气中的中低品位热能传递给超临界 CO$_2$，这种耦合方案可以将燃烧室1入口处空气加热至较高温度，因此耦合方案②的燃烧室1入口天然气流量相比耦合方案①，降低了 0.42kg/s。综上所述，耦合方案①优先将 D-CAES 子系统的高品位烟气余热转化为电能并部分转化为热能供给外界，而耦合方案②则优先将 D-CAES 子系统的高品位烟气余热转化为空气内能以降低燃烧室1的天然气消耗量，两种耦合方案均可提升系统循环热效率，但其侧重点并不相同，耦合方案①对循环热效率的提升更为明显。

由表 3-14 可知，耦合方案①、耦合方案②及单独 D-CAES 系统的㶲效率分别为 50.55%、47.92%及 45.15%。不同方案㶲效率产生差异的原因同循环热效率相似，此处不再赘述。通过分析可以发现，不同方案之间㶲效率的差异相较于循环热效率要小，耦合方案①的㶲效率相较于耦合方案②提升了 2.63%，而耦合方案②的㶲效率相较于单独 D-CAES 系统提升了 2.77%。这主要是因为循环热效率基于热力学第一定律，从能量数量的角度对系统性能进行评价，而㶲效率则基于热力学第二定律，从能量品位的角度对系统性能进行评价。从㶲的角度来讲，电能全部为可用能，而热能和冷能的能量品位较低，有用能只占其能量总数的一部分，因此不同方案之间㶲效率的差异要低于循环热效率。

表 3-14　D-CAES＋S-CO$_2$ 混合能量系统两种耦合方案设计工况热力性能指标计算结果

参数	耦合方案①	耦合方案②	单独 D-CAES 系统
压气机1功率/MW	19.45	19.45	19.45
压气机2功率/MW	20.65	20.65	20.65
压气机3功率/MW	21.06	21.06	21.06
充气时间/h	9.45	9.45	9.45
放气时间/h	4.11	4.11	4.11
制冷换热器供冷功率/MW	5.86	5.86	5.86
燃烧室1入口天然气流量/(kg·s^{-1})	2.0	1.58	1.58
高压透平功率/MW	51.35	51.24	51.24
燃烧室2入口天然气流量/(kg·s^{-1})	3.07	3.06	3.06

续表

参数	耦合方案①	耦合方案②	单独 D-CAES 系统
低压透平功率/MW	120.18	119.93	119.93
S-CO$_2$ 压缩机功率/MW	5.28	3.96	—
S-CO$_2$ 透平功率/MW23.81	10.56	—	
CO$_2$ 质量流量/(kg · s^{-1})	178.39	133.79	—
S-CO$_2$ 冷却器供热功率/MW	33.06	24.79	—
循环热效率/%	59.77	55.34	46.89
单独 D-CAES 循环热效率/%	45.23		
系统㶲效率/%	50.55	47.92	45.15
单独 D-CAES 㶲效率/%	44.37		

3.3.7.2 环境性能对比

表 3-15 为 D-CAES＋S-CO$_2$ 混合能量系统两种耦合方案设计工况下各污染物排放量，由表可知，耦合方案①、耦合方案②及单独 D-CAES 系统各污染物排放数量的大小规律相同，均是 CO$_2$ 排放量最高，NO$_x$ 排放量次之，N$_2$O 排放量最低。由表 3-15 可知，耦合方案②及单独 D-CAES 系统各污染物排放量均一致，这是因为耦合方案②中 D-CAES 子系统产生的高温烟气首先进入空气预热换热器来对高压空气进行加热，这一点与单独的 D-CAES 系统相同，因此其燃烧室 1 入口空气温度相同，因此耦合方案②与单独 D-CAES 系统的天然气消耗量相同，则各污染物排放量也均相同。由表 3-15 可知，耦合方案①各污染物排放量均高于耦合方案②，如前文所述，这是因为耦合方案①中 D-CAES 子系统烟气中的高品位热能传递给了 S-CO$_2$ 子系统，中低品位热能传递了空气预热换热器中的高压空气，而耦合方案②则相反，因此耦合方案①中燃烧室 1 所消耗的天然气总量高于耦合方案②，从而导致各污染物排放量也均高于耦合方案②。

表 3-15 D-CAES＋S-CO$_2$ 混合能量系统两种耦合方案设计工况各污染物排放量

污染物类别	排放量(g)		
	耦合方案①	耦合方案②	单独 D-CAES 系统
CO$_2$	199 391 330	194 118 224.9	194 118 224.9

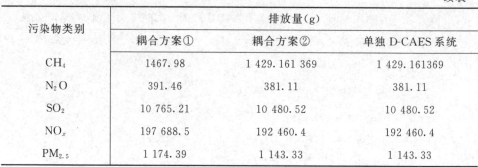

续表

污染物类别	排放量(g)		
	耦合方案①	耦合方案②	单独 D-CAES 系统
CH₄	1467.98	1 429. 161 369	1 429. 161369
N₂O	391.46	381.11	381.11
SO₂	10 765. 21	10 480. 52	10 480. 52
NOₓ	197 688. 5	192 460. 4	192 460. 4
PM₂.₅	1 174. 39	1 143. 33	1 143. 33

根据表 3-14 中各污染物排放量，即可计算相应耦合方案所对应的度电综合环境效应指数。同时，本书还依据表 3-15 中数据计算了 D-CAES+S-CO₂ 混合能量系统两种耦合方案设计工况下的碳排放系数。

图 3-13 为 D-CAES+S-CO₂ 混合能量系统两种耦合方案设计工况下环境性能计算结果，由图可知，耦合方案①、耦合方案②及单独 D-CAES 系统的度电综合环境效应指数分别为 85.35、88.73 及 92.15，而耦合方案①、耦合方案②及单独 D-CAES 系统的碳排放系数分别为 255.56g/kWh、265.68g/kWh 及 275.93g/kWh。耦合方案②相比于单独 D-CAES 系统，其环境性能得到提升，这是因为耦合方案②与单独 D-CAES 系统的天然气消耗量相同，但耦合方案②通过 S-CO₂ 子系统对 D-CAES 子系统烟气余热进行了回收，系统发电量增加，耦合方案②的环境性能得以提升。耦合方案①的环境性能优于耦合方案②，主要是因为耦合方案①中 S-CO₂ 子系统透平发电功率及净输出功率均大于耦合方案②，虽然耦合方案①的天然气消耗量也要大于耦合方案②，但其发电量的增加足以弥补天然气消耗量增加对环境性能造成的负面影响。

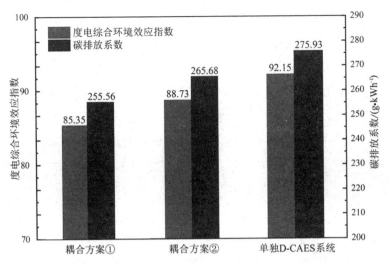

图 3-13　D-CAES＋S-CO$_2$混合能量系统两种耦合方案设计工况环境性能指标计算结果

3.3.7.3　经济性能对比

表 3-16 为本书所提出的 D-CAES＋S-CO$_2$混合能量系统两种耦合方案经济性能计算所需要的相关参数。其中，资金折现率与系统部件运维成本比均取 6％，系统容量系数取 0.8，即表示一年中 80％的天数系统运行工作，将 D-CAES＋S-CO$_2$混合能量系统两种耦合方案的预估使用寿命设置为 25 年，而天然气价格和低谷电价分别取 0.157 ＄/kg 和 0.055 ＄/kWh，文中美元与人民币汇率取同期数值：1 ＄＝6.9017￥。

表 3-17 为本书所提出的 D-CAES＋S-CO$_2$混合能量系统两种耦合方案设计工况经济性能计算结果，由表可知，耦合方案②的系统初始总投资相较于单独 D-CAES 子系统要高 3 653 933 ＄，这是因为购入 S-CO$_2$子系统相关部件所导致，而由于增设了 S-CO$_2$子系统，因此相应的年度资金成本、年度运维成本均增加。耦合方案①的系统初始投资成本相较于耦合方案②要高 767 713 ＄，这是因为耦合方案①中 S-CO$_2$子系统中透平及压缩机的功率均较高，因此部件购买成本也会相应增加。由前文可知，耦合方案②与单独 D-CAES 系统的天然气消耗量相等，而耦合方案①的天然气消耗量高于耦合方案②，因此在年度燃料成本方面，耦合方案①最高，耦合方案②及单独 D-CAES 系统相较于耦合方案①，年度燃料成本可降低 385 043 ＄。耦合方案①年度总成本最高，相较于耦合方案②高 491 161.6 ＄，相较于单独 D-CAES 系统高 996 232.8 ＄。尽管如此，如表 3-11 所示，

耦合方案①、耦合方案②及单独 D-CAES 系统的度电成本依次为 7.23cent/kWh、7.63cent/kWh、7.68cent/kWh，耦合方案①的经济性能优于耦合方案②及单独 D-CAES 系统，虽然耦合方案①的年度总成本最高，但其年度总发电量相比于耦合方案②及单独 D-CAES 系统分别高 14435044kWh 及 25 172 271kWh，发电量的增加足以弥补系统成本增加对度电成本造成的负面影响。

表 3-16　D-CAES＋S-CO₂ 混合能量系统经济性能计算相关参数

参数	单位	数值
资金折现率	%	6
系统部件运维成本比	%	6
系统容量系数		0.8
系统预估使用寿命	年	25
天然气价格	$/kg	0.157
低谷电价	$/kWh	0.055

表 3-17　D-CAES＋S-CO₂ 混合能量系统两种耦合方案设计工况经济性能计算结果

参数	单位	耦合方案①	耦合方案②	单独 D-CAES 系统
系统初始总投资	$	28 678 183.83	27 910 470.66	24 256 537.60
年度资金成本	$	2 243 400.21	2 183 344.52	1 897 509.33
年度运维成本	$	1 720 691.03	1 674 628.24	1 455 392.25
年度燃料成本	$	12 811 433.40	12 426 390.26	12 426 390.26
年度总成本	$	16 775 524.64	16 284 363.02	15 779 291.84
年度总发电量	kWh	227 782 776.0	213 347 732.60	202 610 505.60
度电成本	cent/kWh	7.23	7.63	7.68

将 D-CAES＋S-CO₂ 混合能量系统两种耦合方案与目前几种较为常见或较有发展潜力的发电方式进行了经济性能对比。为了保证经济性能对比的合理性，每种发电方式均选取一年有效运行时间达 2 000h 以上时所对应的度电成本，所选取对比的发电方式的度电成本数据来源于国际可再生能源署（IRENA）所发布的《2020 年可再生能源发电成本》报告①。由图 3-14 可知，与燃煤电厂相比，D-CAES＋S-CO₂ 混合能量系统两种耦合方案均不具备经济性能优势；与可再生能

源相比，D-CAES＋S-CO₂混合能量系统两种耦合方案的度电成本高于陆上风电和光伏发电，但低于海上风电；与其他几种储能发电方式相比，D-CAES＋S-CO₂混合能量系统两种耦合方案相比于锂电池储能均具有经济性能优势，而与抽水蓄能相比，耦合方案①稍微具备经济性能优势，而耦合方案②并不具备经济性能优势。

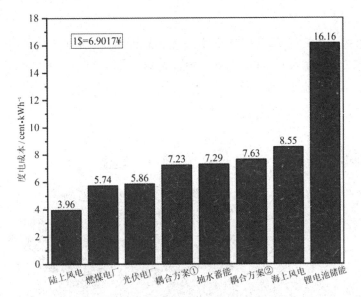

图 3-14　D-CAES＋S-CO₂混合能量系统两种耦合方案与其他
发电方式的经济性能对比

3.3.8　系统耦合方案㶲流分析

由前文分析可知，D-CAES＋S-CO₂混合能量系统耦合方案①从能量、㶲、经济及环境四个方面均优于耦合方案②，本书将采用㶲分析方法进一步分析两种耦合方案产生性能差异的原因。注意，两种耦合方案在储能阶段的结构布置及运行状态均相同，因此不再对两种耦合方案储能阶段的㶲流进行分析。图 3-15 和图3-16 分别为两种耦合方案的释能阶段㶲流图，通过对比分析可知：

（1）相比于耦合方案①，耦合方案②可以在更大程度上降低燃烧室 1 的天然气消耗量，因此其燃烧室 1 的输入化学㶲相比于耦合方案①降低了 10.7MW，但其燃烧室 1 的㶲损值相比于耦合方案①却只降低了 3MW，这说明耦合方案②虽然可以节省燃料消耗量，但其燃烧室 1 的㶲损值却没有相应程度的降低。

（2）相比于耦合方案①，耦合方案②中空气预热换热器的㶲损值要高

7.97MW，这是在因为耦合方案②中，D-CAES子系统排放的高温烟气直接通入空气预热换热器与压缩空气进行换热，而入口压缩空气温度较低，接近于环境温度，因此高温烟气与压缩空气之间存在较大的换热温差，由此而造成空气预热换热器中存在较大㶲损。

（3）相比于耦合方案①，耦合方案②最终排至环境的烟气㶲值要高1.94MW，这是因为在耦合方案②中，D-CAES子系统排放的高温烟气先通入空气预热换热器，然后再通入S-CO₂子系统加热器，由于换热温差的存在，加热器出口烟气温度不可低于加热器入口CO₂温度，因此耦合方案②的最终排至环境的烟气的温度要高于耦合方案①，即耦合方案②将更多的有用能直接排至环境，从而会造成更大程度上的能量浪费。

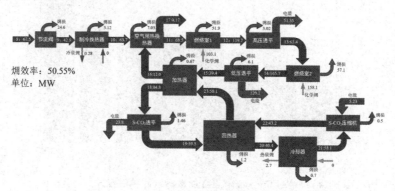

图3-15 D-CAES＋S-CO₂混合能量系统释能阶段㶲流图：耦合方案①

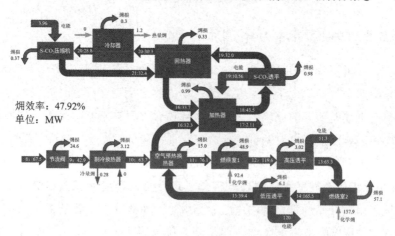

图3-16 D-CAES＋S-CO₂混合能量系统释能阶段㶲流图：耦合方案②

3.3.9　关键参数对系统性能的影响分析

通过上文的分析可知，D-CAES＋S-CO$_2$ 混合能量系统耦合方案①的 4E 性能指标均优于耦合方案②，因此后续以耦合方案①为研究对象，选取 5 个系统关键统参数进行分析，其中包含 3 个 D-CAES 子系统参数及 2 个 S-CO$_2$ 子系统参数。D-CAES 子系统参数为：储气洞穴最大储气压力、低压透平入口压力及低压透平入口温度，S-CO$_2$ 子系统参数为：S-CO$_2$ 子系统最高循环压力及回热器冷端端差。为了保证参数分析结果的合理性，当对以上参数中的某一个进行分析时，其余参数均保持不变。

3.3.9.1　储气洞穴最大储气压力对系统性能的影响

如图 3-17 所示，随着储气洞穴最大储气压力由 6.0MPa 升至 7.8MPa，D-CAES 子系统中三级压气机的功率均升高，分别升高了 1.38MW、1.56MW 及 1.68MW，这是因为在环境压力不变的情况下，储气洞穴最大储气压力越高，则三级压气机的总压缩比就越高，而文中三级压缩机采用等压缩比设置，所以三级压气机的压缩比均增加，而从导致三级压气机的功率都升高；随着最大储气压力的升高，充放气时间均增加，其中充气时间增加 6.02h，放气时间增加 2.74h，这是因为在最小储气压力不变的情况下，最大储气压力越大，则在储能阶段被压缩的总空气质量就越多，因此充气时间就越长，同理，在释能阶段需要释放更多的压缩空气，储气洞穴压力才可以将至最低储气压力，因此放气时间也就越长。

如图 3-18 所示，随着储气洞穴最大储气压力由 6.0MPa 升至 7.8MPa，制冷换热器的供冷功率由 4.0MW 升至 6.6MW，这是因为在释能过程中，随着压缩空气不断流出储气洞穴进入节流阀，储气洞穴内的空气压力降低即节流阀入口处的压缩空气压力不断降低，但是随着最大储气压力的升高，节流阀入口处压缩空气在整个释能过程中的平均压力也随之增加，而节流阀后压力不变，即随着最大储气压力的升高，节流阀前后压缩空气的平均压力差越来越高，根据焦-汤效应可知，节流阀后压缩空气的温度也就越低，即制冷换热器冷源空气入口温度也就越低，因此制冷换热器的供冷功率上升。

空气预热换热器出口处的压缩空气温度在释能过程中几乎保持不变，因此认为最大储气压力的变化对于空气预热器空气出口后的系统节点的运行状态参数均无影响。基于这个前提可知，当储气洞穴最大储气压力逐渐由 6.0MPa 升至

7.8MPa，两级燃烧室的所需天然气质量流量均保持不变，但是随着放气时间增加，两级燃烧室整个释能过程天然气消耗量均增加，如图 3-19 所示，燃烧室 1 天然气消耗量增加 16 715.8kg，燃烧室 2 天然气消耗量增加 30 149.3kg。

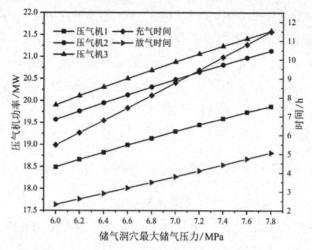

图 3-17　储气洞穴最大储气压力对压气机功率及充放气时间的影响

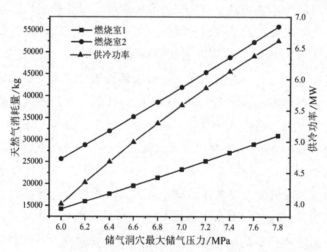

图 3-18　储气洞穴最大储气压力对燃烧室天然气消耗量及供冷功率的影响

如图 3-19 所示，随着储气洞穴最大储气压力由 6.0MPa 升至 7.8MPa，整体系统循环热效率和㶲效率均呈下降趋势，循环热效率由 60.13% 降至 59.65%，㶲效率由 51.09% 降至 50.37%。产生上述变化的主要原因如下：由前文分析可知，随着储气洞穴最大储气压力的升高，D-CAES 子系统的两级透平以及 S-CO$_2$ 子系统的运行状态参数均不受影响，所以 D-CAES 的两级透平的输出功率、S-CO$_2$ 子系统净输出功率、冷却器供热功率均不变，制冷换热器功率升高且系统放气时间增加，因此整个释能过程系统输出电能、热能与冷能均增加，但同时两级燃烧室所消耗天然气总量也增加；储能过程中三级压气机的功率均增加，充气时间也增加，因此整个储能过程三级压气机的总能耗增加。综上所述：从系统的整个运行周期（储能＋释能）来看，输出能量和输入能量均增加，而输入能量的增加对系统循环热效率及㶲效率的变化起主导作用，因此系统循环热效率和㶲效率最终呈下降趋势。

如图3-20所示，当储气洞穴最大储气压力由6.0MPa增加至7.8MPa，系统的度电成本由8.46cent/kWh降至6.95cent/kWh，但度电综合环境效应指数几乎不变。主要原因如下：度电成本主要取决于系统发电量与系统燃料成本（三级压气机耗电成本与两级燃烧室天然气成本），由前文分析可知，系统发电量、三级压气耗电量与两级燃烧室天然气消耗量均增加，但系统发电量的增加最终对度电成本的变化起主导作用，因此度电成本降低；而度电综合环境效应指数主要取决于系统发电量与两级燃烧室天然气消耗量，但由于系统发电量与天然气消耗量的增加对度电综合环境效应指数的影响相当，因此度电综合环境效应指数几乎不变。

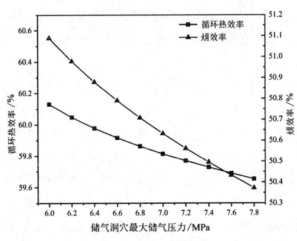

图3-19 储气洞穴最大储气压力对系统循环热效率及㶲效率的影响

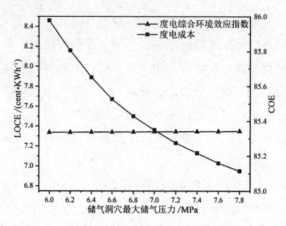

图 3-20　储气洞穴最大储气压力对系统度电成本及度电综合环境效应指数的影响

3.3.9.2　低压透平入口压力对系统性能的影响

改变低压透平入口压力并不影响 D-CAES 子系统储能阶段的运行状态，同时也不影响储气洞穴及制冷换热器的工作状态，由于储气洞穴最大储气压力保持不变，所以充、放气时间以及制冷换热器的供冷功率并不受影响。

如图 3-21 所示，随着低压透平入口压力由 0.5MPa 升至 1.7MPa，高压透平功率由 68.8MW 降至 32.63MW，低压透平功率由 96.1MW 升至 138.5MW，受高、低压透平功率相反变化趋势的影响，两级透平功率之和先升高，升高速率逐渐减缓，当低压透平入口压力增加至 1.4MPa 左右时，又开始略微下降；两级燃烧室天然气消耗量变化趋势也相反，当低压透平入口压力由 0.5MPa 升至 1.7MPa 时，燃烧室 1 的天然气消耗量增加 9 540.8kg，燃烧室 2 的天然气消耗量降低 11 450.41kg，受两级燃烧室天然气消耗量相反变化趋势影响，总天然气消耗量呈略微下降趋势。产生上述变化的主要原因如下：节流阀后压力保持固定，因此高、低压透平的总膨胀比保持不变，改变低压透平的入口压力会同时改变高、低压透平的膨胀比，随着低压透平入口压力的升高，低压透平的膨胀比升高，高压透平的膨胀比降低，由于高、低压透平入口温度都可由燃烧室通过调节入口天然气流量来使其维持恒定，随着低压透平入口压力的升高，高压透平功率降低，低压透平功率上升；高压透平膨胀比降低，因此其出口烟气温度逐渐升高，为了维持低压透平入口烟气温度恒定，则需要降低燃烧室 2 入口天然气质量流量，因此燃烧室 2 天然气消耗量降低，同理，低压透平出口烟气温度逐渐降低，则 S-CO₂ 子系统加热器出口烟气温度也会逐渐降低，烟气通过空气预热换

142

热器传递给压缩空气的热量也会减少，从而使空气预热换热器空气出口温度降低，为了维持高压透平入口烟气温度恒定，则需要增加燃烧室1入口天然气质量流量，因此燃烧室1天然气消耗量增加。

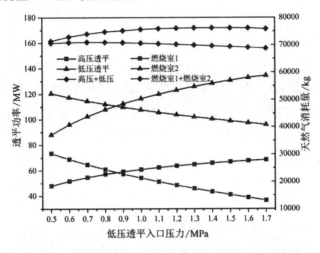

图 3-21　低压透平入口压力对高、低压透平功率及燃烧室天然气消耗量的影响

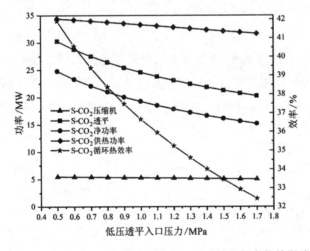

图 3-22　低压透平入口压力对 S-CO$_2$ 子系统运行参数的影响

由图 3-22 所示，随着低压透平入口压力由 0.5MPa 升至 1.7MPa，S-CO$_2$ 子系统透平输出功率由 30.29MW 降至 20.06MW，压缩机功率略微降低，由 5.46MW 降低至 5.05MW，因此，净输出功率主要受透平功率影响而呈下降趋势，冷却器供热功率也呈略微下降趋势，由 34.39MW 降低至 31.68MW，S-CO$_2$ 子系统循环热效率也降低，由 41.9% 降至 32.9%。产生上述变化的主要原因如

下：由前文分析可知，随着低压透平入口压力的升高，其出口烟气温度逐渐降低，由于 S-CO$_2$ 透平入口温度受加热器热端端差控制，因此 S-CO$_2$ 透平入口温度也随之降低，但由于最高及最低循环压力不变，则透平膨胀比不变，因此透平出口温度也随之降低；由于 S-CO$_2$ 压缩机入口温度可以通过调节冷却器入口冷水流量进行控制，所以维持恒定，因此 S-CO$_2$ 压缩机出口温度也保持不变，由于回热器热流体出口温度受到回热器冷端端差控制，所以回热器热流体出口温度也保持不变，这说明热流体通过回热器传递给冷流体的热量降低，从而导致回热器冷流体出口温度降低，由于加热器出口烟气温度受到加热器冷端端差控制，因此加热器出口烟气温度也随之降低；随着低压透平入口压力的升高，加热器热负荷即 S-CO$_2$ 子系统通过加热器回收的高温烟气的热量降低，S-CO$_2$ 子系统循环CO$_2$ 流量也随之略微降低，如图 3-23 所示，循环 CO$_2$ 质量流量由 185.6kg/s 降至 170.9kg/s，变化幅度仅为 7.9%。综上所述，由于随着低压透平入口压力的升高，S-CO$_2$ 透平入口温度降低，循环 CO$_2$ 质量流量略微下降，则可知 S-CO$_2$ 透平的输出功率降低，S-CO$_2$ 压缩机由于入口温度不变，其功率仅受循环 CO$_2$ 质量流量的影响，其功率略微降低，因此，S-CO$_2$ 子系统的净输出功率主要受 S-CO$_2$ 透平功率的影响而下降；由前文分析可知，冷却器进出口 CO$_2$ 温度均不变，因此其供热功率也仅受循环 CO$_2$ 质量流量的影响而略微下降；S-CO$_2$ 子系统循环热效率也随着低压透平入口压力的升高而降低，这是因为低压透平的出口烟气温度降低，于 S-CO$_2$ 子系统而言相当于外部热源温度降低，从而导致 S-CO$_2$ 子系统循环热效率降低。

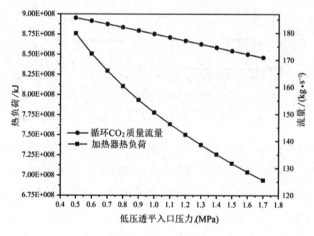

图 3-23　低压透平入口压力对加热器热负荷及循环 CO$_2$ 质量流量的影响

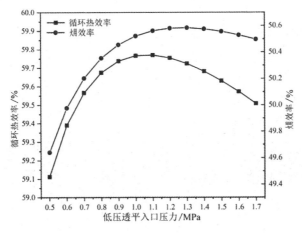

图 3-24 低压透平入口压力对系统循环热效率及㶲效率的影响

由图 3-24 可知，随着低压透平入口压力的升高，整体系统的循环热效率及㶲效率均为先升高后下降，循环热效率最高值为 59.77%，此时低压透平入口压力为 1.1MPa，㶲效率最高值为 50.58%，此时对应的低压透平入口压力为 1.3MPa。结合前文分析可知：D-CAES＋S-CO$_2$ 混合能量系统的充放气时间均不变，制冷换热器的制冷功率也保持不变，而且改变低压透平入口压力并不影响储能阶段运行状态，因此三级压气机耗功均不变；由图 3-21 可知，随着低压透平入口压力的升高，高、低透平的总功率先升高然后略微下降，而两级燃烧室天然气消耗总量也是呈略微下降趋势；由图 3-22 可知，S-CO$_2$ 子系统的净输出功率和供热功率随着低压透平入口压力的升高而降低；因此受各部分能量不同变化趋势的影响，D-CAES＋S-CO$_2$ 混合能量系统的循环热效率和㶲效率均是先增加后降低。

由图 3-25 可知，度电成本随低压透平入口压力的变化趋势与循环热效率、㶲效率相反，为先降低后增加，度电成本最低值为 7.22cent/kWh，此时对应的低压透平入口压力为 1.0MPa；随着低压透平入口压力由 0.5MPa 升至 1.7MPa，度电综合环境效应指数值由 86.66 降至 84.85。产生上述变化的原因如下：由度电成本及度电综合环境效应指数的定义可知，这两个性能指标主要取决于系统发电量(取决于 D-CAES 子系统两级透平输出功率和 S-CO$_2$ 子系统净输出功率)和天然气消耗总量。由前文分析可知，随着低压透平入口压力的增加，天然气消耗总量略微下降，而系统总输出功率先略微增加然后略微降低，度电成本受系统总输出功率影响较大，因此其变化趋势为先降低后升高；而度电综合环境效应指数受天然气消耗总量影响较大，随着天然气消耗总量的下降，系统向外界排放的污染物数量下降，因此度电综合环境效应指数呈下降趋势。

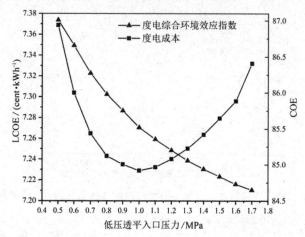

图 3-25   低压透平入口压力对系统度电成本及度电综合环境效应指数的影响

3.3.9.3   低压透平入口温度对系统性能的影响

同低压透平入口压力，改变低压透平入口温度并不影响 D-CAES 子系统储能阶段的运行状态，同时也不影响储气洞穴及制冷换热器的工作状态，由于储气洞穴最大储气压力保持不变，所以充、放气时间及制冷换热器的供冷功率并不受影响。

如图 3-26 所示，随着低压透平入口温度由 800℃ 升至 1250℃，高压透平功率保持不变，低压透平功率由 100MW 升至 145.16MW，燃烧室 1 天然气消耗量由 30264.92kg 降至 17330.52kg，燃烧室 2 的天然气消耗量由 60627.53kg 升至 81937.96kg，两级燃烧室天然气消耗总量受燃烧室 2 的影响较为明显，因此天然气消耗总量呈上升趋势。产生上述变化的主要原因如下：由于高压透平入口温度及膨胀比均不变，因此高压透平功率及其出口烟气温度均不变，而低压透平膨胀比不变，入口温度升高，因此低压透平功率及出口烟气温度均升高；由于高压透平出口烟气温度不变，因此为了提升低压透平入口烟气温度，须增加燃烧室 2 入口天然气流量，因此燃烧室 2 的天然气消耗量上升，由于低压透平出口烟气温度上升，则 S-CO_2 子系统加热器出口烟气温度也随之上升，则烟气通过空气预热换热器传递给压缩空气的热量也会增加，从而使空气预热换热器出口温度上升，为维持高压透平入口烟气温度恒定，需要降低燃烧室 1 入口天然气流量，因此燃烧室1天然气消耗量降低，但总体来看，两级燃烧室天然气消耗总量主要受燃烧室2影响而呈上升趋势。

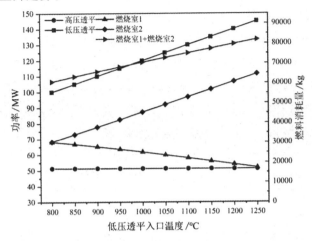

图 3-26　低压透平入口温度对高、低压透平功率及燃烧室天然气消耗量的影响

图 3-27 所示为 S-CO$_2$ 子系统运行参数随低压透平入口温度的变化趋势，由此可知，随着低压透平入口温度由 800℃ 升至 1 250℃，S-CO$_2$ 子系统透平输出功率由 16.66M 升至 31.34MW，压缩机功率略微升高，由 4.73MW 升至 5.53MW，因此，S-CO$_2$ 子系统净输出功率主要受透平影响而上升，冷却器供热功率也呈上升趋势，由 29.6MW 升至 34.6MW，但其上升速率趋于平缓，S-CO$_2$ 子系统循环热效率也上升，由 28.7％ 升至 42.7％。产生上述变化的主要原因如下：由前文分析可知，随着低压透平入口烟气温度升高，其出口烟气温度也随之升高，由于 S-CO$_2$ 透平入口温度受加热器热端端差控制，因此 S-CO$_2$ 透平入口温度也随之升高，但由于最高及最低运行压力不变，则透平膨胀比不变，因此透平出口温度也随之升高；由于 S-CO$_2$ 压缩机入口温度可以通过调节冷却器入口冷水流量进行控制，所以维持恒定，因此 S-CO$_2$ 压缩机出口温度保持不变，由于回热器热流体出口温度受到回热器冷端端差控制，所以回热器热流体出口温度也保持不变，这说明热流体通过回热器传递给冷流体的热量升高，从而导致回热器冷流体出口温度也上升，由于加热器出口烟气温度受到加热器冷端端差控制，因此加热器出口烟气温度也随之上升；随着低压透平入口温度的升高，加热器热负荷即 S-CO$_2$ 子系统通过加热器回收的高温烟气的热量升高，循环 CO$_2$ 流量也随之升高，如图 3-28 所示，流量由 159.84kg/s 升至 186.84kg/s，但上升速率逐渐趋于平缓。综上所述，由于随着低压透平入口温度的升高，S-CO$_2$ 透平入口温

度也升高，并且循环 CO_2 流量呈上升趋势，因此 S-CO_2 透平功率上升；S-CO_2 压缩机入口温度不变，其功率仅受循环 CO_2 流量的影响，因此其功率略微升高，且升高速率趋于平缓；因此 S-CO_2 子系统净输出功率主要受 S-CO_2 透平输出功率的影响而升高；由前文分析可知，冷却器进出口 CO_2 温度均不变，因此其供热功率也仅受循环 CO_2 流量的影响而升高，且升高速率趋于平缓；S-CO_2 子系统循环热效率也随着低压透平入口压力的升高而升高，这是因为低压透平出口烟气温度上升，与 S-CO_2 子系统而言相当于外部热源温度升高，加热器热负荷随之升高，从而导致 S-CO_2 子系统循环热效率升高。

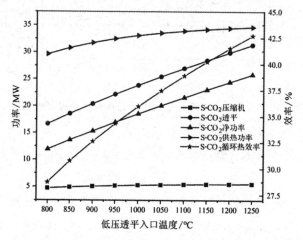

图 3-27 低压透平入口温度对 S-CO_2 子系统运行参数的影响

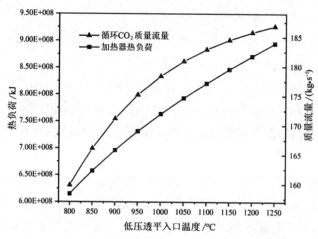

图 3-28 低压透平入口温度对加热器热负荷及循环 CO_2 质量流量的影响

由图 3-29 可知，随着低压透平入口温度由 800℃ 升至 1250℃，整体系统的循环热效率和㶲效率均呈上升趋势，循环热效率由 56.85% 上升至 62.32%，㶲效率由 47.80% 升至 53.45%。结合前文的分析，可知：D-CAES＋S-CO$_2$ 系统的充放气时间均不变，制冷换热器的制冷功率也保持不变，而且改变低压透平的入口温度并不影响储能阶段运行状态，因此三级压气机耗功率不变；随着低压透平入口温度的上升，高压透平功率基本不变，而低压透平输出功率上升，因此两级燃气透平总功率上升，同时，燃烧室 1 天然气消耗量下降，燃烧室 2 天然气消耗量上升，两级燃烧室天然气消耗总量上升；由图 3-28 可知，随着低压透平入口温度的上升，S-CO$_2$ 子系统净输出功率上升，供热功率也上升；综上所述，受各部分能量不同变化趋势的影响，D-CAES＋S-CO$_2$ 混合能量系统的循环热效率和㶲效率均随低压透平入口温度的升高而增加，这说明：增加低压透平入口温度，对于 D-CAES＋S-CO$_2$ 混合能量系统发电量的提升较为明显，虽然也会导致天然气消耗量的上升，但是发电量的提升足以弥补天然气消耗量上升对于系统循环热效率、㶲效率造成的不利影响。

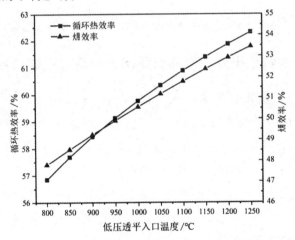

图 3-29 低压透平入口温度对系统循环热效率及㶲效率的影响

由图 3-30 可知，度电成本随低压透平入口温度的变化趋势与循环热效率、㶲效率相反，呈下降趋势，随着低压透平入口温度由 800℃ 升至 1250℃，度电成本由 8.18cent/kWh 下降至 6.38cent/kWh，而度电综合环境效应指数的变化趋势为先升高后降低，其最高值为 85.45，此时对应的低压透平入口温度为 900℃。产生上述变化的主要原因如下：由前文分析可知，度电成本及度电综合环境效应指数主要取决于系统发电量及两级燃烧室天然气消耗总量，而随着低压透平入口温度的增加，系统发电量及天然气消耗总量均上升，度电成本受系统发电量的影响较为明显，因此总体呈下降趋势；而度电综合环境效应指数首先受天然气消耗量的影响较为明显，随着低压透平入口温度超过900℃，系统发电量对其影响开始占主导因素，因此其总体趋势为先上升后下降。

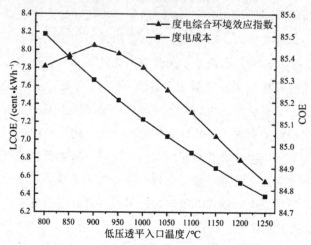

图 3-30　低压透平入口温度对系统度电成本及度电综合环境效应指数的影响

3.3.9.4　S-CO₂ 子系统最高循环压力对系统性能的影响

改变 S-CO$_2$ 子系统最高循环压力即 S-CO$_2$ 压缩机出口压力并不影响 D-CAES 子系统储能阶段的运行状态，同时也不影响储气洞穴及制冷换热器的运行状态，由于储气洞穴最大储气压力保持不变，所以充、放气时间以及制冷换热器的供冷功率并不受影响，由于高、低压透平的进口温度、压力均不发生变化，因此高、低透平功率也维持不变，而且低压透平出口烟气温度也不变。

如图 3-31 所示，随着 S-CO$_2$ 子系统最高循环压力由 17MPa 升至 26MPa，S-CO$_2$ 透平输出功率由 17.66MW 升至 24.36MW，压缩机功率由 3.17MW 升至 5.52MW，虽然透平和压缩机功率均上升，但 S-CO$_2$ 子系统净输出功率还是呈上升趋势，由 14.49MW 增加至 18.84MW，冷却器供热功率略微上升，由 30.89MW 升至 33.25MW，S-CO$_2$ 子系统循环热效率也呈上升趋势，由 31.92% 提高至 36.17%。产生上述变化的主要原因如下：随着 S-CO$_2$ 子系统最高循环压力的升高，D-CAES 子系统低压透平出口烟气温度保持不变，而 S-CO$_2$ 透平入口温度受加热器热端端差控制，因此 S-CO$_2$ 透平入口温度也不变，但膨胀比随着最高循环压力的升高而升高，因此 S-CO$_2$ 透平出口温度降低；由于 S-CO$_2$ 压缩机入口温度可以通过调节冷却器入口冷水流量进行控制，所以维持恒定，但其压缩比随着最高循环压力的升高而升高，因此压缩机出口温度也随之升高；由于回热器热流体出口温度受回热器冷端温差的控制，因此回热器热流体出口温度也升高，这说明热流体通过回热器传递给冷流体的热量降低，因此回热器冷流体出口温度降低；由于加热器出口烟气温度受加热器冷端端差控制，因此加热器出口烟气温度也降低，则烟气通过空气预热换热器传递给压缩空气的热量也会减少，从而使空气预热换热器空气出口温度降低，为了维持 D-CAES 子系统高压透平入口烟气温度恒定，则需要增加燃烧室 1 入口天然气质量流量，因此燃烧室 1 天然气消耗量增加，如图 3-32 所示；随着 S-CO$_2$ 子系统最高循环压力的升高，加热器热负荷即低压透平出口高温烟气通过加热器传递给 S-CO$_2$ 子系统的热量呈升高趋势，循环 CO$_2$ 质量流量却随之降低，这主要是因为加热器入口 CO$_2$ 温度（即回热器冷流体出口温度）降低，而加热器出口 CO$_2$ 温度（S-CO$_2$ 透平入口温度）不变，说明单位质量 CO$_2$ 所吸收的热量增加，因此虽然加热器热负荷升高，循环 CO$_2$ 质量流量却呈降低趋势，如图 3-32 所示，由 188.62kg/s 降至 177.3kg/s。综上所述：S-CO$_2$ 透平的入口温度不变，膨胀比增加，同时循环 CO$_2$ 质量流量降低，但总体来看，S-CO$_2$ 透平功率还是呈上升趋势；同理，S-CO$_2$ 压缩机的入口温度不变，压缩比增加，同时循环 CO$_2$ 质量流量降低，但总体来看，S-CO$_2$ 压缩机功率还是呈上升趋势，但和 S-CO$_2$ 透平相比，其上升幅度很小，因此 S-CO$_2$ 子系统的净输出功率呈上升趋势；由于回热器热流体出口温度（即冷却器入口 CO$_2$ 温度）升高，因此若要维持压缩机入口温度不变，则单位质量 CO$_2$ 需要向冷却水释放更多的热量以降温，因此冷却器向外界的供热功率增加，但受循环 CO$_2$ 质量流量降低的影响，冷却器供热功率的上升趋势并不明显。

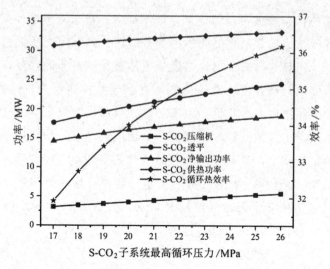

图 3-31　S-CO₂ 子系统最高循环压力对 S-CO₂ 子系统运行参数的影响

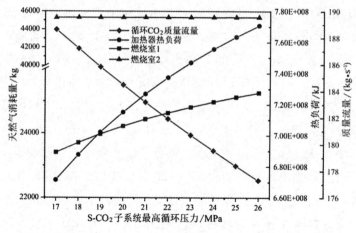

图 3-32　S-CO₂ 子系统最高循环压力对燃烧室天然气消耗量、加热器热负荷及循环 CO₂ 流量的影响

如图 3-33 所示，随着 S-CO₂ 子系统最高循环压力由 17MPa 升至 26MPa，整体循环热效率及㶲效率均呈上升趋势，循环热效率由 59.05％提高至 59.83％，㶲效率由 50.21％提高至 50.58％。产生上述变化的原因如下：由前文分析可知，改变 S-CO₂ 子系统最高循环压力对于 D-CAES 子系统的影响仅有燃烧室 1 天然气消耗量，其随着 S-CO₂ 子系统最高循环压力的升高而升高，同时 S-CO₂ 子系统的净输出功率及冷却器供热功率均增加。综合来看，整体系统的循环热效率及㶲效率主要受 S-CO₂ 子系统影响而呈上升趋势。

如图 3-34 所示，随着 S-CO₂ 子系统最高循环压力由 17MPa 升至 26MPa，度电成本由 7.35cent/kWh 降至 7.22cent/kWh，而度电综合环境效应指数的变化趋势与度电成本相反，由 85.05 升至 85.38。产生上述变化的主要原因如下：由前文分析可知，度电成本及度电综合环境效应指数主要取决于系统发电量及两级燃烧室天然气消耗总量，而随着 S-CO$_2$ 子系统最高循环压力的增加，系统发电量及燃烧室天然气消耗总量均上升，度电成本受发电量的影响较为明显，因此总体呈下降趋势；而度电综合环境效应指数则受天然气消耗总量的影响较为明显，随着天然气消耗总量的增加，系统向外界排放的污染物数量增加，所以度电综合环境效应指数呈上升趋势。

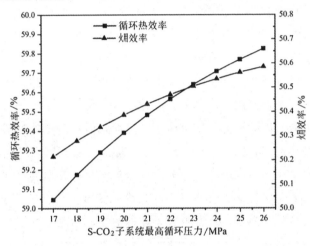

图 3-33　S-CO$_2$ 子系统最高循环压力对系统循环热效率及㶲效率的影响

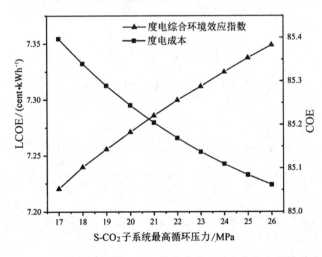

图 3-34　S-CO$_2$ 子系统最高循环压力对系统度电成本及度电综合环境效应指数的影响

3.3.9.5　回热器冷端端差对系统性能的影响

如图 3-35 所示，随着回热器冷端端差由 10℃增加至 28℃，S-CO$_2$透平输出略微降低，由 23.81MW 降至 23.56MW，仅降低 0.25MW，压缩机功率几乎保持不变，因此 S-CO$_2$子系统净输出功率也是略微降低，而 S-CO$_2$子系统供热功率上升相对较为明显，由 33.06MW 升至 37MW，而 S-CO$_2$子系统循环热效率呈降低趋势，由 35.93％降至 33.14％。产生上述变化的主要原因如下：随着回热器冷端端差的增加，D-CAES 子系统低压透平出口烟气温度保持不变，而 S-CO$_2$透平入口温度受加热器热端端差控制，因此 S-CO$_2$透平入口温度也不变，又因为 S-CO$_2$透平膨胀比不变，因此 S-CO$_2$透平出口温度也保持不变；由于压缩机入口温度可以由冷却器入口冷水流量进行控制，所以维持恒定，因此压缩机出口温度也不变，而回热器热流体出口温度受回热器冷端端差控制，因此回热器热流体出口温度随着回热器冷端端差的升高而升高，这说明热流体通过回热器传递给冷流体的热量降低，因此回热器冷流体出口温度降低；由于加热器出口烟气温度受加热器冷端端差控制，因此加热器出口烟气温度也随之降低，则烟气通过空气预热换热器传递给压缩空气的热量也会减少，从而使空气预热器空气出口温度降低，为了维持 D-CAES 子系统高压透平入口烟气温度恒定，则需要增加燃烧室 1 入口天然气流量，因此燃烧室 1 天然气消耗量增加，如图 3-36 所示。

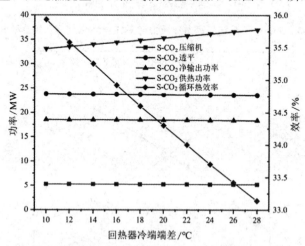

图 3-35　回热器冷端端差对 S-CO$_2$ 子系统运行参数的影响

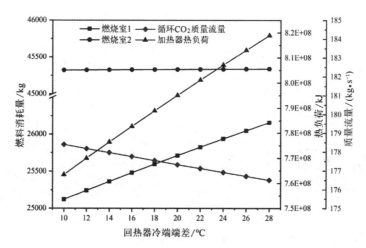

图 3-36　回热器冷端端差对天然气消耗量、加热器热负荷及循环 CO_2 质量流量的影响

随着回热器冷端端差的增加，加热器热负荷即低压透平出口高温烟气通过加热器传递给 S-CO_2 子系统的热量呈升高趋势，循环 CO_2 质量流量却略微降低，如图 3-37 所示，流量由 178.39kg/s 降低至 176.5kg/s，仅降低 1.89kg/s，这主要是因为加热器入口 CO_2 温度（即回热器冷流体出口温度）降低，而加热器出口 CO_2 温度（S-CO_2 透平入口温度）不变，说明单位质量 CO_2 所吸收的热量增加，因此虽然加热器热负荷升高，循环 CO_2 质量流量却呈降低趋势。综上所述：S-CO_2 子系统透平及压缩机功率仅受循环 CO_2 质量流量的影响，因此透平输出功率略微下降，而压缩机功率几乎不变，因此 S-CO_2 子系统净输出功率也是略微下降；由于回热器热流体出口温度（即冷却器入口 CO_2 温度）升高，因此若要维持压缩机入口温度不变，则单位质量 CO_2 需要向冷却水释放更多的热量以降温，虽然循环 CO_2 质量流量降低，总体来看，冷却器向外界的供热功率还是呈上升趋势。

如图 3-37 所示，随着回热器冷端端差由 10℃ 增加至 28℃，整体系统循环热效率由 59.77％ 提高至 60.20％，而㶲效率却呈降低趋势，由 50.56％ 降至 50.19％。产生上述变化的主要原因如下：从能量数量角度分析，系统输出电能受 S-CO_2 子系统影响而略微下降，输出热能增加，但同时 D-CAES 子系统燃烧室 1 的天然气消耗量也增加，而输出热能的增加可以弥补输出电能下降及天然气消耗量增加对整体系统循环热效率的不利影响，所以循环热效率得以提高；但从能量品位角度进行分析，电能的品位要远高于热能，因此热量㶲输出的增加不足以弥补电能输出下降及输入天然气化学㶲增加对整体系统㶲效率造成负面影响，因此系统㶲效率呈下降趋势。

155

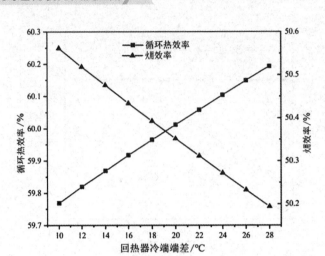

图 3-37　回热器冷端端差对循环热效率及㶲效率的影响

　　如图 3-38 所示，随着回热器冷端端差由 10℃增加至 28℃，系统度电成本由 7.23cent/kWh 增加至 7.26cent/kWh，而度电环境综合效应也呈上升趋势，由 85.35 升高至 86.72，产生上述变化的主要原因如下：由前文分析可知，度电成本及度电综合环境效应指数主要取决于系统发电量及燃烧室天然气消耗量，而随着回热器冷端端差的增加，系统发电量略微下降，而燃烧室天然气消耗量上升，而且其上升幅度大于系统发电量的下降幅度，因此燃烧室天然气消耗量对于度电成本及度电综合环境效应指数的变化起主导作用，因此度电成本由于天然气成本的增加而呈下降趋势，而度电综合环境效应指数也因系统向外界排放的污染物数量增加而呈上升趋势。

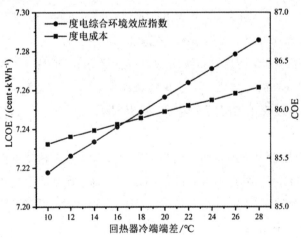

图 3-38　回热器冷端端差对系统度电成本及度电综合环境效应指数的影响

3.3.9.6 系统容量系数对系统性能的影响

系统容量系数表示一年中 D-CAES＋S-CO$_2$ 混合能量系统工作时间所占比例，其变化只会对度电成本产生影响，而不影响系统其他性能指标。图 3-39 为系统容量系数的变化对 D-CAES＋S-CO$_2$ 混合能量系统度电成本的影响，由图可知，随着系统容量系数由 0.5 增加至 0.95，系统的度电成本呈降低趋势，由 8.27cent/kWh 降低至 7.13cent/kWh，当容量系数增加至 0.8 时，系统度电成本降低速率明显减缓。产生上述变化的主要原因如下：随着一年中系统工作时间的增加，D-CAES＋S-CO$_2$ 混合能量系统发电量和燃料成本（包括 D-CAES 三级压气机耗电成本与两级燃烧室消耗天然气成本）均增加，但系统容量系数由 0.5 增加至 0.8 的过程中，系统发电量对于度电成本的影响占绝对主导地位，因此度电成本下降速率较为明显，而当系统容量系数超过 0.8 时，系统燃料成本也开始对系统度电成本的变化产生一定影响，因此度电成本虽然还是降低，但其降低速率开始明显减缓。

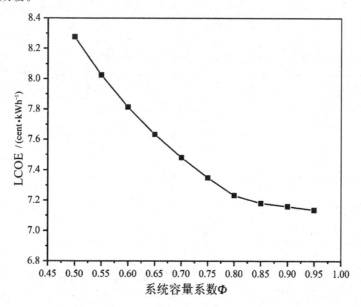

图 3-39 系统容量系数对 D-CAES＋S-CO$_2$ 混合能量系统度电成本的影响

3.3.9.7 系统参数敏感性分析

为了更全面评估相关系统参数对 D-CAES＋S-CO$_2$ 混合能量系统 4E 性能的

影响程度，本节采用敏感性分析方法，将循环热效率、㶲效率、度电成本及度电综合环境效应指数作为敏感性分析指标，选取前文所分析的六个系统参数作为敏感性分析的不确定因素。基于单因素敏感性分析，变化某一因素，其他因素保持不变，得到该因素对系统循环热效率、㶲效率、度电成本及度电综合环境效应指数的敏感性因子，敏感性因子可定义为敏感性分析指标变化率与不确定因素变化率的比值，可由如下公式进行计算：

$$S_i = \frac{\Delta b_{xi}/b_{xi}}{\Delta x_i/x_i} = \frac{(\partial b_{xi}/\partial x_i \Delta x_i)/b_{xi}}{\Delta x_i/x_i} = \frac{\partial b_{xi}}{\partial x_i}\frac{x_i}{b_i} \tag{4-32}$$

其中，x_i，Δx_i——第 i 个不确定因素及其变化量；

b_{x_i}，Δb_{x_i}——不确定因素 x_i 所对应的敏感性分析指标及当 x_i 变化 Δx_i 时，敏感性分析指标的变化量；

S_i——敏感性因子，表征敏感性分析指标 b_{x_i} 对于不确定因素 x_i 变化的敏感程度。

需要注意的是：当某个系统参数处于不同工况点时，其对性能指标的影响程度是不相同的，因此本书中敏感性因子取系统参数在不同工况点下所对应敏感性因子的平均值。

表 3-18　系统 4E 性能指标敏感性因子

不确定因素	循环热效率	㶲效率	度电成本	度电环境综合效应
储气洞穴最大储气压力	−0.0304	−0.0542	−0.7526	0.00031
低压透平入口压力	0.0106	0.0117	0.0269	−0.0233
低压透平入口温度	0.2072	0.2547	−0.5784	−0.0371
S-CO$_2$ 子系统最高循环压力	0.0503	0.0476	−0.0423	0.0093
回热器冷端端差	0.0078	−0.0080	0.0044	0.0174
系统容量系数	—	—	−0.1228	—

表 3-18 为 D-CAES＋S-CO$_2$ 混合能量系统耦合性能指标对各系统参数的敏感性因子。对于循环热效率：低压透平入口温度对其影响最为明显，回热器冷端端差对其影响最小；循环热效率与低压透平入口压力、温度、S-CO$_2$ 子系统最高循环压力及回热器冷端端差的变化方向相同，与储气洞穴最大储气压力的变化方向相反。对于㶲效率：低压透平入口温度对其影响最为明显，回热器冷端端差对其影响最小；㶲效率与低压透平入口压力、温度、S-CO$_2$ 子系统最高循环压力的变

化方向相同，与储气洞穴最大储气压力及回热器冷端端差的变化方向相反。对于度电成本：储气洞穴最大储气压力对其影响最为明显，回热器冷端端差对其影响最小；度电成本与低压透平入口压力、回热器冷端端差的变化方向相同，与储气洞穴最大储气压力、低压透平入口温度、S-CO_2 子系统最大储气压力及系统容量系数的变化方向相反。对于度电综合环境效应指数：低压透平入口温度对其影响最为明显，储气洞穴最大储气压力对其影响最小，敏感性系数接近于 0，几乎不随储气洞穴最大储气压力的变化而变化；度电环境综合效应与 S-CO_2 子系统最大储气压力及回热器冷端温差的变化方向相同，与低压透平入口压力、温度的变化方向相反。

3.4　典型能量系统参数多指标协同优化方法及案例分析

　　通过上一节的参数分析及敏感性分析可以发现，不同参数对于同一性能指标的影响存在差异，而且同一参数对于不同性能指标的影响也不尽相同。接下来将 D-CAES＋S-CO_2 混合能量系统耦合方案①作为研究对象，基于遗传算法，以 4E 性能指标为目标函数，以所分析的 6 个系统参数为决策变量，进行多指标协同优化。

3.4.1　优化方法

　　可用于进行多指标协同优化的优化算法较多，其中智能优化算法在多目标优化中由于其使用方便，受到广泛欢迎，如遗传算法、蚁群算法、粒子群算法等应用较广泛。以下以遗传算法为例，介绍多指标协同优化方法及其过程。

　　遗传算法（genetic algorithm，GA）最早于 20 世纪 60 年代由美国 Michigan 大学的 John Holland 提出，是一种以孟德尔遗传学说与达尔文进化机制为理论依据的适合于复杂系统优化的自适应全局寻优技术。该算法具有以下优点：①对目标对象直接进行操作，而对于目标函数是否连续且可导没有限定；②寻优方法概率化，可以自动搜索寻优空间，不断调整搜索方向以指导寻优。目前遗传算法已广泛应用于函数优化、组合优化、自动控制、数据挖掘、机器学习及图像处理等领域。

    遗传算法的基本原理是通过人为手段来模拟自然界生物的进化过程，将所求问题可能出现的解表示成自然界生物个体，每个个体都被编码成为一个染色体，若干个个体构成群体即解集；算法开始时会随机产生一些个体即初始解，依据人为设定的适应度函数即目标函数对群体中的个体进行逐一评估并给出自适应度值即目标函数值，基于此自适应度值选择"好"的个体来产生下一代，而"坏"个体则被淘汰，对"好"个体继续执行交叉和变异算子进行再组合生成新一代，然后根据适应度函数继续对新一代个体进行评估，以此类推进行循环迭代，得到新一代的个体性能总是优于上一代，从而使得进化朝着"好"方向进行，直至获得最优解。因此，遗传算法可以看成是一个由可行解组成的群体经过繁衍、变异、淘汰，最终适者生存的进化过程，图 3-40 为本书遗传算法基础流程图。

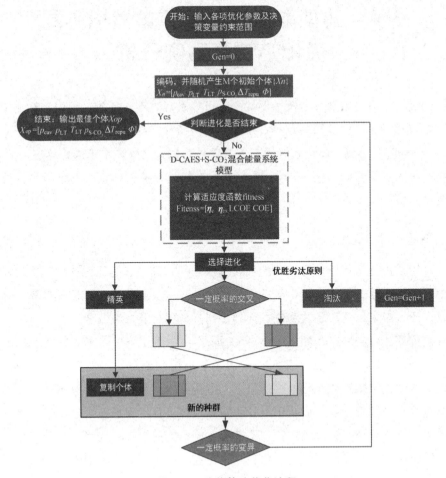

图 3-40　遗传算法优化流程

遗传算法的核心为适应度函数和个体，即目标函数和决策变量。基于上一节提到的 D-CAES＋S-CO$_2$ 混合能量系统，选取 4E 性能指标为目标函数，包括循环热效率、㶲效率、度电成本及度电综合环境效应指数，4 个目标函数的表达式如下：

$$目标函数 1: \max\eta_{RTE} = \frac{E_t + E_{heating} + E_{cooling}}{E_c + m_{NG} LHV_{NG}/1000}$$

$$= f(p_{CAV}, p_{LT}, T_{LT}, p_{S\text{-}CO_2}, \Delta T_{recu}) \tag{4-33}$$

$$目标函数 2: \max\eta_{ex} = \frac{E_t + E_{x, heating} + E_{x, cooling}}{E_c + m_{NG} e_{x, NG}/1000}$$

$$= f(p_{CAV}, p_{LT}, T_{LT}, p_{S\text{-}CO_2}, \Delta T_{recu}) \tag{4-34}$$

$$目标函数 3: \min LCOE = \frac{ATC}{E_{net}} = \frac{C_{AC} + C_{O\&M} + C_{fuel}}{(E_t + E_{s, net}) \times 365 \times \Phi} \times 3.6$$

$$= f(p_{CAV}, p_{LT}, T_{LT}, p_{S\text{-}CO_2}, \Delta T_{recu}, \Phi) \tag{4-35}$$

$$目标函数 4: \min COE = \frac{ATC}{E_{net}} = \frac{\omega_1 GRE + \omega_2 ACE + \omega_3 PAM}{E_{net}}$$

$$= f(p_{CAV}, p_{LT}, T_{LT}, p_{S\text{-}CO_2}, \Delta T_{recu}) \tag{4-36}$$

选取参数分析中的 6 个系统参数作为决策变量，包括：储气洞穴最大储气压力 p_{CAV}、低压透平入口压力 p_{LT}、低压透平入口温度 T_{LT}、S-CO$_2$ 子系统最高循环压力 $p_{S\text{-}CO_2}$、回热器冷端端差 ΔT_{recu} 及系统容量系数 Φ，其相应的约束范围如表 3-19 所示。

表 3-19 系统参数约束范围

决策变量	单位	约束上限	约束下限
储气洞穴最大储气压力 p_{CAV}	MPa	7.8	6.0
低压透平入口压力 p_{LT}	MPa	1.7	0.5
低压透平入口温度 T_{LT}	℃	1250	800
S-CO$_2$ 子系统最高循环压力 $p_{S\text{-}CO_2}$	MPa	26	17
回热器冷端端差 ΔT_{recu}	℃	28	10
系统容量系数 Φ	—	0.95	0.5

表 3-20 为本书遗传算法优化参数设置，种群规模越小，则算法收敛速度越快，但会降低种群多样性，通常取 20～200，本书取种群规模值为 200。太大的交叉概率会扰乱种群内已进化成的优良结构，使搜索具有太大的随机性，而太小

的交叉概率会使搜索新个体的速度过慢，一般取值 0.4~0.99，本书取交叉概率为 0.8。变异概率太小，则进化过程中变异产生具有新特征的个体的能力和抑制早熟的能力较差，变异概率太小则会导致进化随机性过大，一般取值 0.005~0.01，本书取变异概率为 0.01。最大迭代次数为运行结束的条件之一，一般取值 100~1000，本文取最大进化代数为 500。

表 3-20　遗传算法优化参数设置

参数	数值
种群规模 N	200
交叉概率 P_c	0.8
变异概率 P_m	0.01
最大进化代数 Gen	500

3.4.2　多目标优化

在实际中，通常需要兼顾多个性能指标，尽量使其同时达到最优值，这就涉及到多目标优化问题。由于不同性能指标属于不同范畴的指标，且相关 4E 性能指标有时是互斥的，一个性能指标的改善可能会引起另外一个或者多个性能指标的恶化。这说明同时使能量系统的 4E 性能指标一起达到最优值是不可能的，而是只能在它们之间进行折中与协调处理，找到次优解，从而实现各指标的全局最优。

3.4.2.1　基于 Pareto 解集的多目标优化

假设两个解决方案 F1 和 F2，对于所有的优化目标而言，F1 均优于 F2，则称 F1 支配 F2 或 F2 被 F1 支配，若 F1 没有被其他解支配，则称 F1 为 Pareto 解。Pareto 解的集合被称为 Pareto 解集，多目标优化求解的结果为 Pareto 解集。本书采取改进非支配排序遗传算法（improved non-dominated sorting genetic algorithm，NSGA-Ⅱ）来对 D-CAES+S-CO₂ 混合能量系统进行多目标优化，该算法在传统遗传算法的基础上加入了 Pareto 排序。

目前基于 Pareto 解集的多目标优化方法主要为 Pareto 图法，即将 Pareto 解集通过图形化的形式进行表达，然后采用评价方法对 Pareto 解集进行判断与筛选，但由于 Pareto 图多为二维或三维，更高维度的 Pareto 图难以绘制，而且难以找到合适匹配的评价方法来筛选 Pareto 解，因此 Pareto 图方法目前多用于双目标或者三目标优化。针对本书所述 D-CAES＋S-CO$_2$ 混合能量系统，本书提出四种双目标优化方案及两种三目标优化方案：①综合热力性能最佳方案：即选取循环热效率和㶲效率为优化目标函数；②热力性能＋经济性能最佳方案：即选取㶲效率和度电成本为优化目标函数；③热力性能＋环境性能最佳方案：即选取㶲效率和度电综合环境效应指数为优化目标函数；④经济性能＋环境性能最佳方案：即选取度电成本和度电综合环境效应指数为优化目标函数；⑤综合热学性能＋经济性能最佳方案：即选取循环热效率、㶲效率及度电成本作为优化目标函数；⑥热力性能＋经济性能＋环境性能最佳方案：即选取㶲效率、度电成本及度电综合环境效应指数为优化目标函数。

本书采取优劣解距离法作为 Pareto 解的评价方法，它根据有限个 Pareto 解与理想 Pareto 解之间的接近程度对其进行排序，将解的优劣表征为空间中的距离，距离理想 Pareto 解越近的 Pareto 解性能越好。

图 3-41 为 D-CAES＋S-CO$_2$ 混合能量系统四种双目标优化方案的 Pareto 最优前沿解集。图 3-42(a)中，A1 点和 B1 点分别为使系统循环热效率与㶲效率最优的 Pareto 解，C1 点为同时使系统循环热效率与㶲效率最优的理想 Pareto 解，则 Pareto 最优前沿解集中距离 C1 点最近的 D1 点为方案①最优 Pareto 解。图 3-42(b)中，A2 点和 B2 点分别为使系统㶲效率与度电成本最优的 Pareto 解，C2 点为同时使系统㶲效率与度电成本最优的理想 Pareto 解，则 Pareto 最优前沿解集中距离 C2 点最近的 D2 点为方案②最优 Pareto 解。图 3-42(c)中，A3 点和 B3 点分别为使系统㶲效率与度电成本最优的 Pareto 解，C3 点为同时使系统㶲效率与度电成本最优的理想 Pareto 解，则 Pareto 最优前沿解集中距离 C3 点最近的 D3 点为方案③最优 Pareto 解。图 3-42(d)中，A4 点和 B4 点分别为使系统度电成本与度电综合环境效应指数最优的 Pareto 解，C4 点为同时使系统度电成本与度电综合环境效应指数最优的理想 Pareto 解，则 Pareto 最优前沿解集中距离 C4 点最近的 D4 点为方案④最优 Pareto 解。

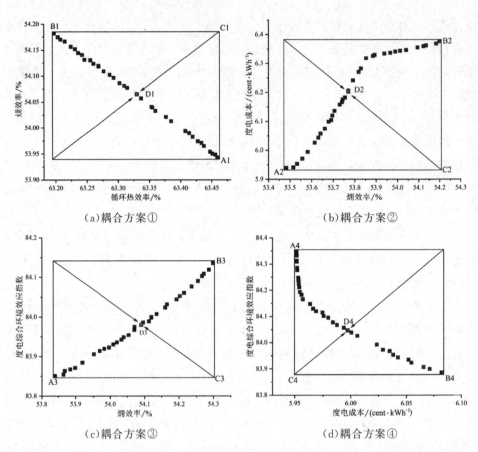

（a）耦合方案①　　　　　　　　　（b）耦合方案②

（c）耦合方案③　　　　　　　　　（d）耦合方案④

图 3-41　双目标优化的 Pareto 最优前沿解集

图 3-42 为 D-CAES＋S-CO$_2$ 混合能量系统三目标优化方案⑤的 Pareto 最优前沿解集，"㶲效率"轴端点处所对应的点为理想 Parteo 最优解，在此点可以同时使循环热效率、㶲效率及度电成本取得最优值，则 Pareto 最优前沿解集中距离理想 Parteo 最优解最近的 E 点为方案⑤的最优 Pareto 解。通过观察 Parteo 图可知：随着循环热效率和㶲效率的不断增加，度电成本总体呈上升趋势，但上升趋势较为缓慢，但当超过 E 点后，度电成本的增加速度大幅度提升，说明若继续提升系统循环热效率与㶲效率，将会使系统经济性能快速下降，因此 E 点即为综合热力性能＋经济性能最佳方案所对应的最优 Pareto 解。

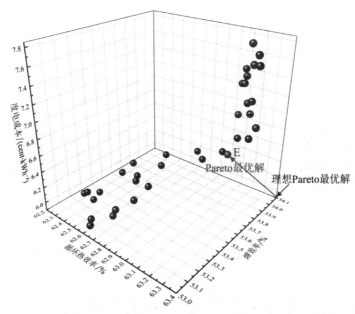

图 3-42　D-CAES＋S-CO₂ 混合能量系统三目标优化的 Pareto 最优前沿解集：方案⑤

图 3-43 为系统三目标优化方案⑥的 Pareto 最优前沿解集，"㶲效率"轴与"度电成本"轴交点处所对应的点为理想 Parteo 最优解，在此点可以同时使㶲效率、度电成本及度电综合环境性能取得最优值，则 Pareto 最优前沿解集中距离理想 Parteo 最优解最近的 F 点为方案⑥的最优 Pareto 解。通过观察 Parteo 图也可知：随着系统㶲效率的增加和度电综合环境效应指数的降低，度电成本总体呈上升趋势，但上升趋势较为缓慢，但当超过 F 点后，度电成本的增加速度大幅度提升，说明若继续提升系统热力性能与环境性能，将会使系统经济性能快速下降，因此 F 点即为热力性能＋经济性能＋环境性能最佳方案所对应的最优 Pareto 解。

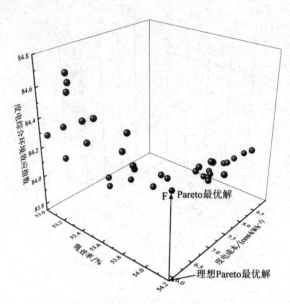

图 3-43　系统三目标优化的 Pareto 最优前沿解集：方案⑥

表 3-21　基于 Pareto 解集的多目标优化参数方案：方案①～⑥

参数	方案①	方案②	方案③	方案④	方案⑤	方案⑥
储气洞穴最大储气压力/MPa	6.6	6.61	6.6	7.8	6.62	6.6
低压透平入口压力/MPa	1.7	1.7	1.7	1.7	1.7	1.7
低压透平入口温度/℃	1243	1250	1232	1239	1241	1238
S-CO_2 子系统最高循环压力/MPa	26	26	22.75	19.8	26	22.56
回热器冷端端差/℃	19.89	10.14	10	10	18	10.98
系统容量系数	0.95	0.95	0.95	0.95	0.95	0.95
循环热效率/%	63.33	63.08	62.66	61.87	63.16	62.73
㶲效率/%	54.06	53.77	54.09	53.22	53.97	53.78
度电成本/(cent·kWh^{-1})	6.39	6.20	6.44	5.99	6.42	6.38
度电综合环境效应指数	84.82	84.44	83.98	84.04	84.70	83.91

3.4.2.2　基于线性加权法的多目标优化

　　线性加权法是一种评价函数方法，可以按照各目标的重要性赋予其相应的权重系数，然后对其进行线性组合，构建将把多目标转化为单个数值目标的评价函数，从而将多目标优化问题转化为求解评价函数最优值的问题。基于线性加权法，可以对能量系统的4E性能指标进行整体优化，从而使得系统的综合热力学性能、经济性能及环境性能全部尽可能达到最优。

1. 层次分析法确定权重

层次分析法（Analytic hierarchy process，简称 AHP）是一种解决多目标复杂问题定性与定量相结合的决策分析方法，利用决策者的经验衡量各性能指标之间的相对重要程度并合理给出每个指标的权重系数，属于主观赋权方法。

为了将能量系统的4E性能指标进行两两对比，需要定义判断矩阵A_{4E}：

$$A_{4E} = \begin{vmatrix} a_{11}, & a_{12}, & a_{13}, & a_{14} \\ a_{21}, & a_{22}, & a_{23}, & a_{24} \\ a_{31}, & a_{32}, & a_{33}, & a_{34} \\ a_{41}, & a_{42}, & a_{43}, & a_{44} \end{vmatrix} \tag{4-37}$$

其中，a_{ij}——指标 i 相对于指标 j 的比较值，满足 $a_{ij} > 0$，$a_{ii} = 1$ 且 $a_{ji} = 1/a_{ij}$。

本文采用1-9标度法来对比较值 a_{ij} 进行标定，表 3-22 为 1-9 标度法的具体标定方法。

表 3-22　判断矩阵元素 1-9 标定法

标度	含义
1	同等重要
3	稍微重要
5	较强重要
7	强烈重要
9	极端重要
2，4，6，8	相邻判断的中间值

表 3-23　D-CAES＋S-CO$_2$ 混合能量系统 4E 性能指标判断矩阵比较值

性能指标	循环热效率	㶲效率	度电成本	度电综合环境效应指数
循环热效率	$a_{11} = 1$	$a_{12} = 1/3$	$a_{13} = 1/5$	$a_{14} = 1/7$
㶲效率	$a_{21} = 3$	$a_{22} = 1$	$a_{23} = 1/3$	$a_{24} = 1/5$
度电成本	$a_{31} = 5$	$a_{32} = 3$	$a_{33} = 1$	$a_{34} = 1/3$

性能指标	循环热效率	㶲效率	度电成本	度电综合环境效应指数
度电综合环境效应指数	$a_{41}=7$	$a_{42}=5$	$a_{43}=3$	$a_{44}=1$

为了响应国家碳达峰、碳中和的能源发展战略，构建绿色低碳的能源经济体系，在研究设计能源系统时需优先考虑系统的环境性能；经济性能是反映能源系统工程实用性并决定其能否投入商业运行的关键因素；相比于循环热效率，㶲效率可以从能量品位的角度全面揭示系统运行过程中的能量损失程度、大小及部位。综上所述，D-CAES＋S-CO$_2$混合能量系统 4E 性能指标的重要程度排序如下：以循环热效率为基准，将㶲效率视为稍微重要，度电成本视为较强重要，度电综合环境效应指数视为强烈重要；以㶲效率为基准，将度电成本视为稍微重要，度电综合环境视为较强重要；以度电成本为基准，将度电综合环境效应指数视为稍微重要。根据上述排序，4E 性能指标相应的判断矩阵比较值可由表 3-23 所示。

理想的判断矩阵为一致阵，即满足 $a_{ij}=a_{ik} \times a_{kj}$。在实际应用中由于在对性能指标进行两两比较时经常会出现逻辑错误，因此在使用判断矩阵计算各性能指标权重系数前，需要对其进行一致性检验，定义一致性指标为 CI，其可由如下公式计算：

$$CI = \frac{\lambda_{max} - n}{n - 1} \tag{4-38}$$

其中，λ_{max}——判断矩阵的最大特征值；n——判断矩阵维数，由于本节所要优化的目标函数个数为 4，因此 $n=4$。

根据 n 可查表 3-24 得到平均随机一致性指标 RI，然后计算一致性比例 CR，其可由如下公式进行计算：

$$CR = \frac{CI}{RI} \tag{4-39}$$

表 3-24   平均随机一致性指标表

n	1	2	3	4	5	6	7	8	9	10	11	12	13	14
RI	0	0	0.52	0.89	1.12	1.26	1.36	1.41	1.46	1.49	1.52	1.54	1.56	1.58

若 CR 小于 0.1，则说明判断矩阵的一致性可以接受；否则，需要重新对判

断矩阵进行修正。D-CAES＋S-CO$_2$ 混合能量系统的 4E 性能指标判断矩阵 A_{4E} 的一致性比率小于 0.1，一致性可以接受，然后可根据几何平均法求得权重向量，计算公式如下：

$$w_{\mathrm{AHP}\_i} = \frac{\left(\prod\limits_{j=1}^{n} a_{ij}\right)^{\frac{1}{n}}}{\sum\limits_{k=1}^{n}\left(\prod\limits_{j=1}^{n} a_{kj}\right)^{\frac{1}{n}}} \tag{4-40}$$

表 3-25　D-CAES＋S-CO$_2$ 混合能量系统 4E 性能指标权重系数表（层次分析法）

性能指标	循环热效率	㶲效率	度电成本	度电综合环境效应指数
w_{AHP}	0.0553	0.1175	0.2622	0.5650

经计算可得 4E 性能指标判断矩阵 A_{4E} 所对应的权重向量，权重向量内元素分别为每个性能指标所对应的权重系数。权重向量计算结果如表 3-25 所示，由于在前文中将性能指标进行两两标定时，规定度电综合环境效应指数的重要程度最高，因此其相应的权重系数最大，而规定循环热效率的重要程度最低，因此其相应的权重系数最小，度电成本和㶲效率居中。

2. 熵权法确定权重

熵法（the entropy weight method，简称 EWM）的核心思想是利用熵的概念来确定指标的权重，是一种客观赋权方法。熵可以用来度量系统的无序程度，熵与信息量成反比，当某个性能指标数据差异较大时，其有效信息量越大，熵值越小，相应的权重系数越大；反之则越小。

本书利用 Pareto 解集来作为反映 D-CAES＋S-CO$_2$ 混合能量系统的 4E 性能指标有效信息量的原始数据集，若 Pareto 解集中有 m 个 Pareto 解，则可定义 4E 性能指标原始数据矩阵 X_{4E} 如下：

$$X_{4E} = \begin{vmatrix} \eta_{\mathrm{RTE1}}, & \eta_{\mathrm{ex1}}, & \mathrm{LCOE}_1 & \mathrm{COE}_1 \\ \eta_{\mathrm{RTE2}}, & \eta_{\mathrm{ex2}}, & \mathrm{LCOE}_2 & \mathrm{COE}_2 \\ \cdots, & \cdots, & \cdots, & \cdots \\ \eta_{\mathrm{RTE}m}, & \eta_{\mathrm{ex}m}, & \mathrm{LCOE}_m & \mathrm{COE}_m \end{vmatrix} \tag{4-41}$$

然后对 4E 性能指标原始数据矩阵 X_{4E} 进行无量纲化处理，以求得 4E 性能指标标准化矩阵 V_{4E}，如下所示：

$$\boldsymbol{V}_{4E} = \begin{vmatrix} v_{RTE1}, & v_{ex1}, & v_{LCOE1}, & v_{COE1} \\ v_{RTE2}, & v_{ex2}, & v_{LCOE2}, & v_{COE2} \\ \cdots, & \cdots, & \cdots, & \cdots \\ v_{RTEm}, & v_{exm}, & v_{LCOEm}, & v_{COEm} \end{vmatrix} \qquad (4\text{-}42)$$

对于正向性能指标，即数值越大性能越好的指标，包括循环热效率和㶲效率，其无量纲化计算公式如下：

$$v_{RTEi} = \frac{\eta_{RTEi} - \min(\eta_{RTE})}{\max(\eta_{RTE}) - \min(\eta_{RTE})} \qquad (4\text{-}43)$$

$$v_{exi} = \frac{\eta_{exi} - \min(\eta_{ex})}{\max(\eta_{ex}) - \min(\eta_{ex})} \qquad (4\text{-}44)$$

对于负向性能指标，即数值越小性能越好的指标，包括度电成本和度电综合环境效应指数，其无量纲化计算公式如下：

$$v_{LCOEi} = \frac{\max(LCOE) - LCOE_i}{\max(LCOE) - \min(LCOE)} \qquad (4\text{-}45)$$

$$v_{COEi} = \frac{\max(COE) - COE_i}{\max(COE) - \min(COE)} \qquad (4\text{-}46)$$

对 4E 性能指标标准化矩阵$\boldsymbol{V}_{4E}$继续做进一步处理，可得 4E 性能指标特征比重矩阵$\boldsymbol{P}_{4E}$，如下所示：

$$\boldsymbol{P}_{4E} = \begin{vmatrix} p_{RTE1}, & p_{ex1}, & p_{LCOE1}, & p_{COE1} \\ p_{RTE2}, & p_{ex2}, & p_{LCOE2}, & p_{COE2} \\ \cdots, & \cdots, & \cdots, & \cdots \\ p_{RTEm}, & p_{exm}, & p_{LCOEm}, & p_{COEm} \end{vmatrix} \qquad (4\text{-}47)$$

其中，

$$p_{RTEi} = v_{RTEi} / \sum_{i=1}^{m} v_{RTEi} \qquad (4\text{-}48)$$

$$p_{exi} = v_{exi} / \sum_{i=1}^{m} v_{exi} \qquad (4\text{-}49)$$

$$p_{LCOEi} = v_{LCOEi} / \sum_{i=1}^{m} v_{LCOEi} \qquad (4\text{-}50)$$

$$p_{COEi} = v_{COEi} / \sum_{i=1}^{m} v_{COEi} \qquad (4\text{-}51)$$

基于 4E 性能指标特征比重矩阵$\boldsymbol{P}_{4E}$，可以计算 4E 性能指标熵值向量$\boldsymbol{S}_{4E}$，如下所示：

$$S_{4E} = [s_{RTE}, \ s_{ex}, \ s_{LCOE}, \ s_{COE}] \tag{4-52}$$

其中，

$$s_{RTE} = -\frac{1}{\ln(m)} \sum_{i=1}^{m} p_{RTEi} \times \ln(p_{RTEi}) \tag{4-53}$$

$$s_{ex} = -\frac{1}{\ln(m)} \sum_{i=1}^{m} p_{exi} \times \ln(p_{exi}) \tag{4-54}$$

$$s_{LCOE} = -\frac{1}{\ln(m)} \sum_{i=1}^{m} p_{LCOEi} \times \ln(p_{LCOEi}) \tag{4-55}$$

$$s_{COE} = -\frac{1}{\ln(m)} \sum_{i=1}^{m} p_{COEi} \times \ln(p_{COEi}) \tag{4-56}$$

根据 4E 性能指标熵值向量可计算 4E 性能指标权重向量 W_{4E}，如下所示：

$$W_{4E} = [w_{RTE}, \ w_{ex}, \ w_{LCOE}, \ w_{COE}] \tag{4-57}$$

其中，

$$w_{RTE} = (1 - s_{RTE}) / \sum_{j=1}^{4} [1 - S_{4E}(i)] \tag{5-26}$$

$$w_{ex} = (1 - s_{ex}) / \sum_{j=1}^{4} [1 - S_{4E}(i)] \tag{4-58}$$

$$w_{LCOE} = (1 - s_{LCOE}) / \sum_{j=1}^{4} [1 - S_{4E}(i)] \tag{4-59}$$

$$w_{COE} = (1 - s_{COE}) / \sum_{j=1}^{4} [1 - S_{4E}(i)] \tag{4-60}$$

表 3-26 　D-CAES＋S-CO$_2$ 混合能量系统 4E 性能指标权重系数表（熵权法）

性能指标	循环热效率	烟效率	度电成本	度电综合环境效应指数
w_{EWM}	0.1687	0.3863	0.1469	0.2981

经计算可得系统 4E 性能指标的权重向量，权重向量内元素分别为每个性能指标所对应的权重系数。权重向量计算结果如表 3-26 所示，烟效率所对应的权重系数最大，度电成本所对应的权重系数最小，这说明在 Pareto 解集中，烟效率的数据差异最大，其有效信息量最大，熵值最小，因此其对应的权重系数最大，度电成本则相反，度电综合环境效应指数和循环热效率居中。

3. 基于综合权重的多目标优化

综合权重可以结合层次分析法的主观因素与熵权法的客观因素，既可以借鉴经验，又可以遵从数据本身存在的客观规律，实现了二者的紧密结合与优势互补，可以有效降低降低单一赋权方法所带来的分析偏差，从而使权重系数更为全面、有效。本书所提出的 D-CAES＋S-CO$_2$ 混合能量系统 4E 性能指标的综合权重系数的计算公式如下：

$$w_{RTE} = w_{RTE\_EMW}(1-s_{RTE}) + w_{RTE\_AHP}s_{RTE} \tag{4-61}$$

$$w_{ex} = w_{ex\_EMW}(1-s_{ex}) + w_{ex\_AHP}s_{ex} \tag{4-62}$$

$$w_{LCOE} = w_{LCOE\_EMW}(1-s_{LCOE}) + w_{LCOE\_AHP}s_{LCOE} \tag{4-63}$$

$$w_{COE} = w_{COE\_EMW}(1-s_{COE}) + w_{COE\_AHP}s_{COE} \tag{4-64}$$

根据综合权重系数即可求得基于线性加权法的评价函数 φ，从而将多目标优化问题转化为求解评价函数 φ 最优值问题，本文中评价函数 φ 可表示为

$$\min\varphi = -w_{RTE}\eta_{RTE} - w_{ex}\eta_{ex} + w_{LCOE}LCOE + w_{COE}COE \tag{4-65}$$

4E 性能指标的综合权重系数计算结果如表表 3-27 所示，4E 性能指标的综合权重系数大小顺序与层次分析法一致，而受熵权法的影响，综合权重系数之间的差距相比层次分析法有所减小。表 3-28 为基于线性加权法的多目标优化结果，由于度电综合环境效应指数权重系数最大，其最接近于单目标最优值，而循环热效率由于综合权重系数最小，其与单目标最优值差距最大，度电成本及㶲效率居中。当系统 4E 性能指标达到整体最优时，储气洞穴最大储气压力为中间值 6.4MPa，低压透平入口温度、压力及系统容量系数取得上限值，而 S-CO$_2$ 子系统最高循环压力和回热器冷端端差均取下限值。

表 3-27 　D-CAES＋S-CO$_2$ 混合能量系统 4E 性能指标综合权重系数表

性能指标	循环热效率	㶲效率	度电成本	度电综合环境效应指数
综合权重系数	0.0578	0.1310	0.2600	0.5547

表 3-28 　基于线性加权法的多目标优化参数方案

参数	数值
储气洞穴最大储气压力/MPa	6.4
低压透平入口压力/MPa	1.7
低压透平入口温度/℃	1250
S-CO$_2$ 子系统最高循环压力/MPa	17
回热器冷端端差/℃	10
系统容量系数	0.95

参数	数值
循环热效率/%	61.97
㶲效率/%	53.72
度电成本/(cent·kWh^{-1})	6.80
度电综合环境效应指数	83.88

3.5　基于图论的通用电站热力系统热经济性分析方法

通过对电站热力系统进行热经济性分析可准确的确定电站机组运行期间的各种能量损失的大小，并对电站热力系统进行全面的节能评估和诊断，进而确定出各环节的节能潜力，有针对地提出各项节能降耗措施和途径，指导电厂通过加强运行管理、技术改造、设备检修维护、设备消缺、应用节能新技术等手段提高效率，降低能耗，为科学制定降耗措施提供依据。此外通过对电站热力系统进行热经济性分析还可以及时发现设计、制造和安装过程中存在的问题。因此，电站机组热力系统热经济性分析方法研究是进行电站热力系统热经济性分析与运行优化研究的重要基础工作。

将图论思想引入到热力系统热经济性分析中，旨在建立一种通用的电站热力系统节能定量分析模型，使之可对多种不同类型的电站机组（包括常规亚临界一次再热火电机组、超（超）临界一次再热机组、超（超）临界二次再热机组以及沸水堆核电机组与压水堆核电机组）进行热力系统节能定量分析，从而达到使用一种方法，可简便的同时对多种不同类型机组进行热经济性分析的目的。

3.5.1　图论概述

图论（Graph Theory）是一门应用广泛且内容丰富的学科，图论是数学的一个分支，与其他的数学分支如群论、矩阵论、概率论、拓扑学、数值分析等有着密切的联系，随着数学软件和计算机技术的进步，图论的应用领域越来越广泛，成为一种重要的解决实际问题的工具。

图论是一个古老但又十分活跃的数学学科，也是一门很有实用价值的学科，它的应用领域遍及自然科学领域与社会科学领域。人类社会与自然界的许多问题，都可用形象直观的图形方式来分析和描述。具有某种二元关系的系统可通过由点与线组成的图形形式来描述，并根据图论的性质进行分析。例如，通信网络、电气网络、计算机网络、公交路线规划、工作调配等都可用点和线连接起来的图，即图论中的图来模拟。图论中的图有别于解析几何与微积分中的图，在解析几何与微积分的图中，点的位置、边的长度和斜率是它的重要部分，而在图论中，这些都不重要，重要的是点与点之间的连接关系。

3.5.2 基于图论的通用电站热力系统热经济性分析模型

我国现役运行的电站机组类型较多，尤其是近年来大型超(超)临界二次再热机组及核电机组的快速发展，加之上述这两种机组结构复杂，运用传统方法进行热力系统分析较繁琐困难，且通用性不够好，导致每开发一套热经济性分析系统都要针对该台机组特点定制开发，增加了开发的难度与工作量，因此研究一种使用简便不但适合分析常规亚临界一次再热机组，而且还适合分析超(超)临界二次再热机组及核电机组的通用热力系统热经济性分析方法就显得非常必要。

任何具有某种二元关系的系统都可以基于图论思想通过由点与边组成的图形来描述，并根据图的性质进行分析，因此图论提供了研究具有某种二元关系系统的巧妙方法。正是这种看待问题、研究问题的思路，为研究电站热力系统通用节能方法提供了一种新的途径。为了将图论思想拓展应用到电站热力系统热经济性分析领域，需要将实际的热力系统抽象化为某种二元关系的系统。

3.5.2.1 电站热力系统的抽象化

电站热力系统是由许多复杂设备构成的有机整体(主要包含锅炉及其辅助系统、汽轮机及其辅助系统、回热加热器、阀门、管道、除氧器、废热回收设备、凝结水泵、给水泵及疏水泵)，各系统相互联系又互相影响。一个稳态的电站热力系统，其实质是能量流经这些设备或子系统的线性能量传递网络。利用图论的思想来研究热力系统，并对电站热力系统进行性能模拟分析及热经济性分析，不仅简洁直观、计算方便，而且能从系统工程的角度进行有益的尝试，为热力系统的研究开拓思路。电站热力系统的抽象原则如下。

(1)将电站热力系统中实现最基本功能的设备作为基本单元，并在图中以点来表示。按照这个原则，电站热力系统中回热系统的加热器、汽轮机的高压缸、汽轮机的中压缸、汽轮机的低压缸、锅炉、凝汽器、泵在图中用点来表示。

(2)以图中的点与点之间的连接线表示热力系统中连接各功能设备的管道。

(3)以图中连接线的粗线程度表示热力系统中该段能量流或物质流的大小。

(4)以图中连接线的方向表示热力系统中该段能量流或物质流的流向。

3.5.2.2 电站热力系统的划分原则及图的表示

实际电站机组的热力系统是非常复杂的，不同类型电站机组的热力系统结构也是不尽相同的，为了能够清晰明了地分析电站机组的热力系统，并将电站热力系统的图的形式表达成规则简单的矩阵形式，本书将电站热力系统划分为主系统与辅助系统。主系统由汽轮机的主凝结水及加热主凝结水的各级回热抽汽所组成的闭环系统组成，主系统设备节点仅包含回热加热器节点。疏水泵、内置式蒸汽冷却器、内置式疏水冷却器属于所在加热器。辅助系统则指主系统以外的所有辅助汽水成分。这样定义之后接下来的工作就是将划分到辅助系统的辅助汽水成分进行分类，以方便后期对辅助汽水成分进行分析处理。热力系统中的各种辅助汽水成分按照系统划分标准的不同，有多种分类方法。通过借鉴前人的研究成果，以及不同类型电站机组热力系统的实际情况，将实际热力系统中划分到辅助系统的汽水成分划分为四类：第一类辅助汽水(h_f，α_f)从加热器汽侧进出系统；第二类辅助汽水(h_τ，α_τ)从加热器给水侧进出系统；第三类纯热量(Δq_f)进出系统；第四类为除上述3类辅助汽水成分之外的，包括泵功、轴封漏汽、门杆漏汽等从通流部分出系统的辅助汽水。

电站热力系统中的回热加热器有两类，按照汽水换热方式的不同，回热加热器可以分为表面式加热器和混合式加热器。对于表面式加热器来说，分为水侧(管侧)和汽侧(壳侧)两部分。水侧由受热面管束的管内部分和水室所组成，水侧承受与之相连的凝结水泵或给水泵的压力。汽侧由加热器外壳及管束外表间的空间构成，汽侧通过抽汽管与汽轮机回热抽汽口相连，承受相应抽汽的压力，故汽侧压力大大低于水侧压力。加热蒸汽进入汽侧后，在导流板引导下成S形均匀流经全部管束外表面进行放热，最后冷凝成凝结水由加热器底部排出，该加热蒸汽凝结水称为疏水。对于混合式加热器来说，此类加热器没有传热面，靠汽水直接接触换热，端差为零，能将水加热到加热蒸汽压力下所对应的饱和温度，热经济性高于有端差的表面式加热器。

按照系统结构划分，回热加热器也可以划分为两类，分别是疏水放流式加热器和汇集式加热器。疏水放流式加热器属于表面式加热器，其疏水方式为逐级自流，如图 3-44 所示；汇集式加热器是指带疏水泵的表面式加热器或混合式加热器，其中，带疏水泵的表面式加热器的疏水汇集于本加热器的进口或出口，如图 3-45 所示。

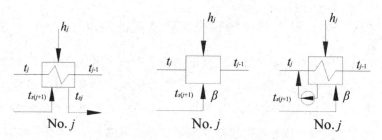

图 3-44 疏水放流式加热器   图 3-45 汇集式加热器

根据图论思想认识世界的方法以及上书提到的电站热力系统的抽象原则，回热系统中的回热加热器作为热力系统中的最小基本功能单元，无需区别加热器类型，以点的形式表现在图中。因而需要准确确定电站热力系统边界的划分原则，原则如下。

(1)本级加热器的抽汽进汽口作为回热加热器的进汽边界点，同时若有进出本级加热器抽汽管路的辅助汽水成分，诸如轴封蒸汽等亦属于本级加热器。

(2)本级加热器给水管道的进口边界点取自本级加热器给水的进水口，同样若有进出本级加热器进水管路的辅助汽水成分，亦属于本级加热器。

(3)本级加热器给水管道的出口边界点取自本级加热器给水的出水口。

(4)本级加热器接受相邻高一级加热器疏水时，疏水边界点取自本级加热器的疏水进口位置。

(5)本级加热器向相邻低一级加热器疏水时，疏水边界点取自本级加热器的疏水出口位置。

(6)汽轮机高压缸、中压缸、低压缸的进汽口、出汽口分别为高压缸、中压缸、低压缸的进出口边界点。

(7)锅炉的给水进口、再热蒸汽进口及过热蒸汽出口、再热蒸汽出口分别为锅炉的进出口边界点。

(8)凝汽器接收低压缸排汽的低压蒸汽进口、凝汽器热井凝结水出口分别为凝汽器的进出口边界点。

按照电站热力系统边界的划分原则，某典型一次再热火电机组热力系统的边界划分如图 3-46 所示，虚线圆圈部分为各热力设备的边界，遵照原则 1 规定，辅汽 α_1、α_2 属于加热器所在级的辅助汽水成分。需要特别指出的是，本书所述的划分原则与传统电站机组回热加热器边界的划分原则有较大的不同之处，传统的加热器的边界划分原则是以相邻加热器的出口作为本级加热器的进口边界，而本书所述方法将本级加热器的进口作为加热器的进口边界，而辅汽则作为额外进入系统的能量处理。

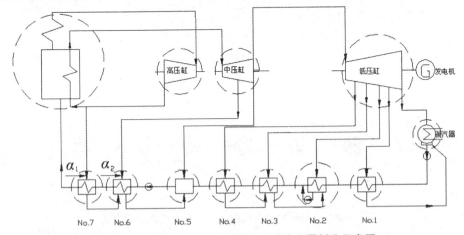

图 3-46　一次再热火电机组热力系统的边界划分示意图

按照上文对电站热力系统各主要设备的抽象原则，图 3-46 的热力系统可抽象并简化成图论的表示形式，如图 3-47 所示。其中，辅汽 α_1、α_2 分别属于 No.7、No.6 加热器。

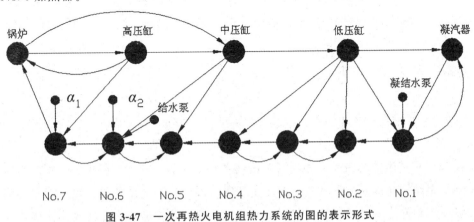

图 3-47　一次再热火电机组热力系统的图的表示形式

图 3-47 用点与带方向的连接线非常简单的表示了电站热力设备或热力设备

的基本单元之间的能量流、物质流的二元关系，将图 3-47 中的黑圆点称为节点，并用其表示各热力设备或热力设备的基本单元；用带方向的线段，称之为支路或路径，表示各热力设备或热力设备的基本单元之间的能量流或物质流。可以从图中清晰地看出 No.7、No.6、No.5 加热器节点之间以及 No.4、No.3、No.2 加热器节点之间存在疏水关系；No.7~No.1 加热器节点之间存在给水关系；No.7~No.1 加热器节点与汽轮机的高、中、低压缸节点间存在抽汽换热关系。根据分析问题的需要，图 3-47 还可以进一步简化，即将高压缸、中压缸、低压缸节点合并简化成一个节点，如图 3-48。

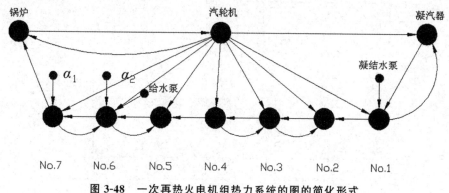

图 3-48　一次再热火电机组热力系统的图的简化形式

3.5.2.3　一次再热机组热力系统图形的矩阵表示

图的传统矩阵表示形式主要有邻接矩阵、关联矩阵、可达矩阵等等，但这些传统的矩阵表示形式都不能较好地表达电站热力系统的复杂关系，例如：传统图的加权有向图的带权邻接矩阵表达的是图中两点间的连接关系，即：$G = (V, E)$ 是一简单加权有向图，$V = \{v_1, v_2, \cdots, v_n\}$，则 G 的邻接矩阵 $\boldsymbol{A} = (a_{ij})_{n \times n}$ $(a_{ij})_{n \times n}$，其中

$$a_{ij} = \begin{cases} w_{ij} & (v_i, v_j) \in E \text{ 且 } w_{ij} \text{ 是它的权}, \\ 0, & i = j, \\ \infty & (v_i, v_j) \notin E \end{cases} \tag{4-66}$$

如果只是简单的按照上述原则表达热力系统的话，将不能形象、清晰地将电站热力系统表达成矩阵形式的。为了更清晰、准确地将电站各热力设备或热力设备的基本单元之间的能量流或物质流表达成矩阵形式，需要遵照图论的矩阵表达思想，并重新确定矩阵的填写规则。

由于电站热力系统中各热力设备或热力设备的基本单元之间的能量流或物质流的大小数值并不一样，因而电站热力系统的图的矩阵形式表达也是一种加权有向图的带权邻接矩阵表达形式，不过其填写规则与传统的加权有向图的带权邻接矩阵有显著不同，其填写规则为：若各热力设备节点或热力设备的基本单元节点之间有连接关系，则用数值"1"表示有连接关系；反之，若各节点间无连接关系，则用数值"0"表示无连接关系。为了表示热力设备节点或热力设备的基本单元节点之间的能量流或物质流的大小，用权值 w_{ij} 表示能量流或物质流大小，需要特别指出的是，由于不同的能量流和物质流在同一加热器中代表不同的含义，为区别不同的能量流和物质流，特作以下规定(参照图 3-44，图 3-45 标注)。

(1)抽汽在第 j 级加热器内的抽汽放热量，其权值符号用 W_{qij} 表示，权值数值大小等于抽汽在第 j 级加热器内的抽汽放热量，即对于疏水放流式加热器 $W_{qij} = q_j = h_j - t_{sj}$，对于汇集式加热器 $W_{qij} = q_j = h_j - t_j$；

(2)疏水在第 j 级加热器内的疏水放热量，其权值符号用 $W_{\gamma ij}$ 表示，权值数值大小等于疏水在第 j 级加热器内的疏水放热量，即对于疏水放流式加热器 $W_{\gamma ij} = \gamma_j = t_{s(j+1)} - t_{sj}$，对于汇集式加热器 $W_{\gamma ij} = \gamma_j = t_{s(j+1)} - t_{j-1}$；

(3)给水在加热器中吸热后的焓升，其权值符号用 $W_{\tau ij}$ 表示，权值数值大小等于给水在第 j 级加热器内的焓升，$W_{\tau ij} = \tau_j = t_j - t_{j-1}$；

遵照上述规定一次再热火电机组主系统的有向图带权邻接矩阵 **A** 填写规则为

规则一：当 $i = j$ 时，$\alpha_{ij} = W_{qij}$；

规则二：当 $i > j$ 时，$\alpha_{ij} = 0$；

规则三：当 $i < j$ 时，若 i 和 j 所代表的加热器有疏水关系，则 $\alpha_{ij} = W_{\gamma ij}$；若 i 和 j 所代表的加热器无疏水关系，则 $\alpha_{ij} = W_{\tau ij}$；

辅助系统的有向图带权邻接矩阵填写规则按辅助汽水的分类分别填写。第一类辅助汽水有向图带权邻接矩阵 $\mathbf{A}_f$ 填写规则为

规则一：当 $i = j$ 时，$\alpha_{fij} = W_{qfij} = q_{fj} = h_{fj} - t_{sj}$；

规则二：当 $i > j$ 时，$\alpha_{fij} = 0$；

规则三：当 $i < j$ 时，若 i 和 j 所代表的加热器有疏水关系，则则 $\alpha_{ij} = W_{\gamma ij}$；若 i 和 j 所代表的加热器无疏水关系，则 $\alpha_{ij} = W_{\tau ij}$。

第二类辅助汽水有向图带权邻接矩阵 $\mathbf{A}_\tau$ 填写规则为

规则一：当 $i = j$ 时，$\alpha_{\tau ij} = W_{\tau fij} = q_{\tau j} = h_{\tau j} - t_{j-1}$；

规则二：当 $i > j$ 时，$\alpha_{fij} = 0$；

规则三：当 $i < j$ 时，若 i 和 j 所代表的加热器在本级加热器内，则 $a_{\tau, ij} = \tau_j$。

第三类辅助汽水成分有向图带权邻接矩阵 Δq_f 为纯热量向量，若无纯热量进出系统，则该向量中元素都为零。

有了上述有向图带权邻接矩阵的填写规则，很容易写出图 3-51 的热力系统的矩阵表达形式，如下

$$
\boldsymbol{A} = \begin{bmatrix} q_1 & \tau_1 & \tau_1 & \tau_1 & \tau_1 & \tau_1 & \tau_1 \\ & q_2 & \gamma_2 & \gamma_2 & \tau_2 & \tau_2 & \tau_2 \\ & & q_3 & \gamma_3 & \tau_3 & \tau_3 & \tau_3 \\ & & & q_4 & \tau_4 & \tau_4 & \tau_4 \\ & 0 & & & q_5 & \gamma_5 & \gamma_5 \\ & & & & & q_6 & \gamma_6 \\ & & & & & & q_7 \end{bmatrix} \quad \boldsymbol{A}_f = \begin{bmatrix} 0 & \tau_1 & \tau_1 & \tau_1 & \tau_1 & \tau_1 & \tau_1 \\ & 0 & \gamma_2 & \gamma_2 & \tau_2 & \tau_2 & \tau_2 \\ & & 0 & \gamma_3 & \tau_3 & \tau_3 & \tau_3 \\ & & & 0 & \tau_4 & \tau_4 & \tau_4 \\ & & 0 & & 0 & \gamma_5 & \gamma_5 \\ & & & & & q_{f2} & \gamma_6 \\ & & & & & & q_{f1} \end{bmatrix}
$$

根据能量守恒定律、质量守恒定律、电站热力系统主、辅系统的有向图带权邻接矩阵表达规则以及矩阵的运算规则，可以得出一次再热机组的有向图带权邻接矩阵方程

$$\boldsymbol{A}\alpha + \boldsymbol{A}_f\alpha_f + \boldsymbol{A}_\tau\alpha_\tau + \Delta q_f = \tau \tag{4-67}$$

其中，α 为抽汽份额向量，α_f、α_τ 分别为第一类、第二类辅助汽水份额向量，τ 为给水焓升向量。

3.5.2.4 不同类型电站热力系统比较

考虑到本章最终的目的是推导适合多种类型机组的通用电站热力系统热经济性分析模型，因此有必要首先总结出各种不同类型电站机组热力系统的特征，在掌握各种机组不同特征下，进行通用电站热力系统热经济性分析模型的理论推导。现有电站机组有多种类型，按照使用一次能源的不同，可分为燃煤火电机组、燃气机组、核电机组、风电机组、太阳能发电机组以及水电机组等，其中燃煤机组按照机组结构及运行参数的不同又分为亚临界一次再热燃煤机组、超临界一次再热机组及超(超)临界二次再热机组；核电机组根据反应堆运行方式的不同分为压水堆核电机组和沸水堆核电机组。本书主要对现有电站中占主导地位的火电机组及核电机组进行分析。

图 3-49、图 3-50 分别为典型的一次再热亚临界 600MW 火电机组热力系统

图、典型的一次再热超临界 600MW 火电机组热力系统图，对比上述两种类型机组的热力系统图，可以发现这两种机组除了汽水参数不同外，热力系统结构并无大的差别，因而在进行热力系统热经济性分析时可将这两类机组归并为一类处理，统称一次再热火电机组。

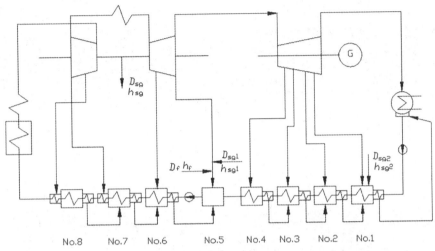

图 3-49 典型的一次再热亚临界 600MW 火电机组热力系统

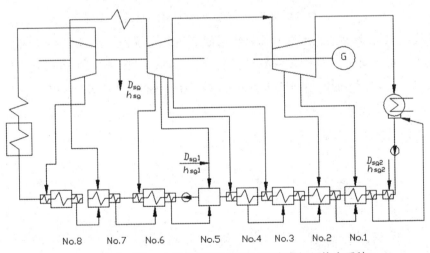

图 3-50 典型的一次再热超临界 600MW 火电机组热力系统

图 3-51 为典型的超（超）临界二次再热火电机组（简称二次再热机组，下同）热力系统图，对比一次再热机组与二次再热机组热力系统图，可以发现二次再热机组热力系统结构与一次再热机组热力系统结构有较大的区别：二次再热火电机组的抽汽过热度很大，为降低蒸汽过热度，此类机组的高、低压加热器普遍采用

了外置式蒸汽冷却器，并且对回热抽汽通过外置式蒸汽冷却器进行过热度热量的跨级利用；二次再热火电机组采用了两级蒸汽再热用以提高机组的热经济性。综上所述，二次再热火电机组的热力系统比一次再热火电机组的热力系统更加复杂，当热力系统发生变化或机组辅助汽水成分发生波动时，会导致二级再热器的吸热量与高低压加热器的外置式蒸汽冷却器放热量的互相耦合，使得常规的热力系统定量分析计算变得更加繁琐和复杂。

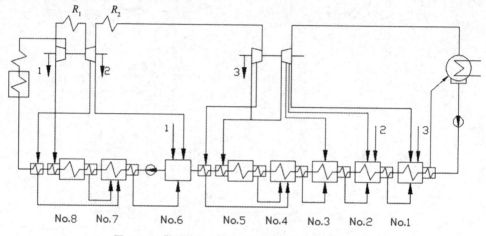

图 3-51　典型的超(超)二次再热火电机组热力系统

图 3-52 为典型的压水堆核电机组二回路热力系统图，图 3-53 为典型的沸水堆核电机组二回路热力系统图，从这两张图中可以看出：这两种机组除了反应堆类型不一致外，它们的二回路热力系统在结构上也没有什么差别，因此在进行热力系统热经济性分析时也可以将这两种机组归并为一类机组处理，以下简称核电机组二回路热力系统。

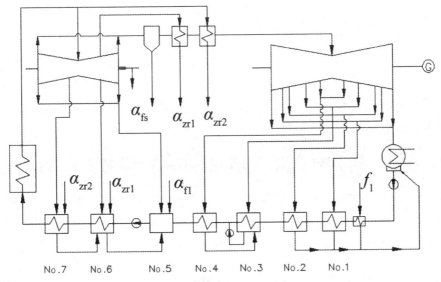

图 3-52　典型的压水堆核电机组二回路热力系统

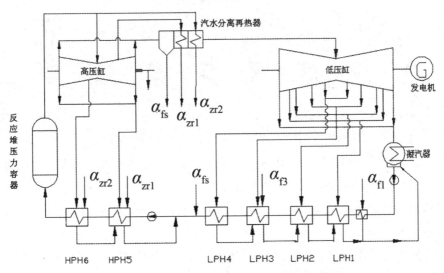

图 3-53　典型的沸水堆核电机组二回路热力系统

再来对比一次再热火电机组与核电机组二回路热力系统的差别，两种类型机组的热力系统有着明显的不同，主要表现在核电机组二回路汽轮机工作在湿蒸汽区，高压缸排汽进入再热器之前要进行汽水分离，且中间再热采用新蒸汽再热，因此回热系统中的高压加热器和除氧器要引入汽水分离器和中间再热器的疏水，这种独特的连接方式，导致常规火电机组各种成熟的热力系统经济性定量分析方法都不能直接应用。

综合上文对几种不同类型电站机组热力系统的分析，可以得到以下结论：在进行基于图论的通用电站热力系统热经济性分析模型推导时，只需考虑一次再热机组与二次再热机组及核电机组的热力系统差别即可，也就是说只要能运用图论思想在一次再热机组热力系统图形表示的基础上，将不同机组的热力系统表达成图的形式及图的矩阵形式，再经过合理的总结与推导即可得到通用的电站机组热经济性分析模型。

3.5.2.5　二次再热机组热力系统的图形表示及其矩阵表达

按照上书所述电站热力系统划分原则及其图的表示方法，结合二次再热机组热力系统的独有特点，将图 3-51 所示典型的二次再热机组热力系统转换成图的表达形式，如图 3-54 所示。

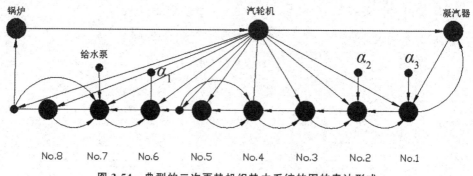

图 3-54　典型的二次再热机组热力系统的图的表达形式

同样，按照上书介绍的电站热力系统主系统与辅助系统划分原则，二次再热机组的图的矩阵表达也分为主系统与辅助系统，需要特别说明的是：进行过热度热量跨级利用的回热抽汽在外置式蒸汽冷却器中的放热量 Δq_z 划归到第三类辅助汽水成分中。

遵照上述规定二次再热火电机组主系统的有向图带权邻接矩阵 A' 填写规则为

未经过热度热量跨级利用的回热抽汽的主系统的有向图带权邻接矩阵 A' 填写规则与上文相同。

规则一：当 $i = j$ 时，$a_{ij} = W_{qij}$；

规则二：当 $i > j$ 时，$a_{ij} = 0$；

规则三：当 $i < j$ 时，若 i 和 j 所代表的加热器有疏水关系，则 $a_{ij} = W_{rij}$；若 i 和 j 所代表的加热器无疏水关系，则 $a_{ij} = W_{rij}$。

过热度热量跨级利用的回热抽汽的主系统有向图带权邻接矩阵 $\boldsymbol{A}'$ 中的 $\tau' = \tau$，$\gamma' = \gamma$，$q' = q - \Delta q_z$（Δq_z 为过热度热量跨级利用的回热抽汽在外置式蒸汽冷却器中放出的热量）。

辅助系统系统的有向图带权邻接矩阵填写规则如上文所述。第一类辅助汽水有向图带权邻接矩阵 $\boldsymbol{A}'_f$ 填写规则为：

规则一：当 $i = j$ 时，$a_{fij} = W_{qfij} = q_{fj} = h_{fj} - t_{sj}$；

规则二：当 $i > j$ 时，$a_{fij} = 0$；

规则三：当 $i < j$ 时，若 i 和 j 所代表的加热器有疏水关系，则 $a_{ij} = W_{\gamma ij}$；若 i 和 j 所代表的加热器无疏水关系，则 $a_{ij} = W_{\tau ij}$。

第二类辅助汽水有向图带权邻接矩阵 $\boldsymbol{A}'_\tau$ 填写规则为

规则一：当 $i = j$ 时，$a_{\tau ij} = W_{\tau fij} = q_{\tau j} = h_{\tau j} - t_{j-1}$；

规则二：当 $i > j$ 时，$a_{fij} = 0$；

规则三：当 $i < j$ 时，若 i 和 j 所代表的加热器在本级加热器内，则 $a_{\tau ij} = \tau_j$。

第三类辅助汽水成分有向图带权邻接矩阵为纯热量向量 $\Delta q'_f$。

按照二次再热火电机组主、辅系统的有向图带权邻接矩阵填写规则，图 3-14 所示的热力系统的有向图带权邻接矩阵表达形式如下。

$$
\boldsymbol{A} = \begin{bmatrix}
q_1 & \gamma_1 & \gamma_1 & \gamma_1 & \gamma_1 & \tau_1 & \tau_1 & \tau_1 \\
 & q_2 & \gamma_2 & \gamma_2 & \gamma_2 & \tau_2 & \tau_2 & \tau_2 \\
 & & q_3 & \gamma_3 & \gamma_3 & \tau_3 & \tau_3 & \tau_3 \\
 & & & q_4 & \gamma_4 & \tau_4 & \tau_4 & \tau_4 \\
 & & & & q_5 & \tau_5 & \tau_5 & \tau_5 \\
 & & 0 & & & q_6 & \gamma_6 & \gamma_6 \\
 & & & & & & q_7 & \gamma_7 \\
 & & & & & & & q_8
\end{bmatrix}
$$

$$
\boldsymbol{A}_f = \begin{bmatrix}
q_{f3} & \gamma_1 & \gamma_1 & \gamma_1 & \gamma_1 & \tau_1 & \tau_1 & \tau_1 \\
 & q_{f2} & \gamma_2 & \gamma_2 & \gamma_2 & \tau_2 & \tau_2 & \tau_2 \\
 & & 0 & \gamma_3 & \gamma_3 & \tau_3 & \tau_3 & \tau_3 \\
 & & & 0 & \gamma_4 & \tau_4 & \tau_4 & \tau_4 \\
 & & & & 0 & \tau_5 & \tau_5 & \tau_5 \\
 & & 0 & & & q_{f1} & \gamma_6 & \gamma_6 \\
 & & & & & & 0 & \gamma_7 \\
 & & & & & & & 0
\end{bmatrix}
$$

同样，根据能量守恒定律、质量守恒定律、主、辅系统的有向图带权邻接矩阵表达规则以及矩阵的运算规则，不难得出二次再热机组热力系统的有向图带权邻接矩阵方程：

$$\boldsymbol{A}'\alpha + \boldsymbol{A}'_f\alpha_f + \boldsymbol{A}'_\tau\alpha_\tau + \Delta q_f + \Delta q_z = \tau \qquad (4\text{-}68)$$

将式(4-68)中的 Δq_f、Δq_z 两项合并，可得到如下形式：

$$\boldsymbol{A}'\alpha + \boldsymbol{A}'_f\alpha_f + \boldsymbol{A}'_\tau\alpha_\tau + \Delta q'_f = \tau \qquad (4\text{-}69)$$

其中，$\Delta q'_f$ 为有向图带权邻接矩阵为纯热量向量，$\Delta q'_f = \Delta q_f + \Delta q_z$，$\alpha$ 为抽汽份额向量，α_f、α_τ 分别为第一类、第二类辅助汽水份额向量，τ 为给水焓升向量，需要特别指出的是：从式(4-69)的矩阵表达形式可以看出，二次再热机组热力系统的矩阵方程形式同一次再热机组一样，不同之处在于具体矩阵中的元素的填写方式不一样。

3.5.2.6 核电机组热力系统的图形表示及其矩阵表达

同样，按照本书所属电站热力系统划分原则及其图的表示方法，结合核电机组热力系统的独有特点，将图 3-55 所示典型的核电机组二回路热力系统转换成图的表达形式，见图 3-58。

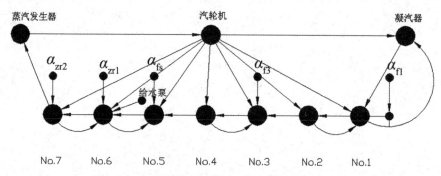

图 3-55 典型的核电机组热力系统的图的表达形式

按照电站热力系统主系统与辅助系统划分原则，核电机组二回路热力系统的图的矩阵表达也分为主系统与辅助系统，需要特别指出的是：辅助系统汽水包括从通流部分流出并经过汽—水分离器、中间再热器的抽汽。

遵照上述规定，核电机组主系统的有向图带权邻接矩阵 $\boldsymbol{A}''$ 填写规则为

规则一：当 $i = j$ 时，$a_{ij} = W_{qij}$；

规则二：当 $i > j$ 时，$a_{ij} = 0$；

规则三：当 $i < j$ 时，若 i 和 j 所代表的加热器有疏水关系，则 $a_{ij} = W_{\gamma ij}$；

若 i 和 j 所代表的加热器无疏水关系，则 $a_{ij} = W_{\tau ij}$。

辅助系统系统的有向图带权邻接矩阵填写规则：

有向图带权邻接矩阵 $\boldsymbol{A''_f}$ 填写规则为：

规则一：当 $i = j$ 时，$a_{fij} = W_{qfij} = q_{fj} = h_{fj} - t_{sj}$；

规则二：当 $i > j$ 时，$a_{fij} = 0$；

规则三：当 $i < j$ 时，若 i 和 j 所代表的加热器有疏水关系，则 $a_{ij} = W_{\gamma ij}$；若 i 和 j 所代表的加热器无疏水关系，则 $a_{ij} = W_{\tau ij}$。

需要特别注意的是，由于本方法将经中间再热器的高压抽汽划归为辅助汽水成分，因此，在填写涉及经中间再热器的高压抽汽的辅助汽一水放热量 q_{fi} 时，q_{fi} 为中间再热器放热后的焓值与所在加热器疏水焓值之差。

第二类辅助汽水有向图带权邻接矩阵 $\boldsymbol{A''_\tau}$ 填写规则为

规则一：当 $i = j$ 时，$a_{\tau ij} = W_{\tau fij} = q_{\tau j} = h_{\tau j} - t_{j-1}$；

规则二：当 $i > j$ 时，$a_{fij} = 0$；

规则三：当 $i < j$ 时，若 i 和 j 所代表的加热器在本级加热器内，则 $a_{\tau ij} = \tau_j$。

第三类辅助汽水成分有向图带权邻接矩阵 $\Delta q''_f$ 为纯热量向量，若无纯热量进出系统，则该向量中元素都为零。

按照有向图带权邻接矩阵的填写规则，图 3-55 所示的热力系统的矩阵表达形式，如下：

$$
\boldsymbol{A} = \begin{bmatrix}
q_1 & \gamma_1 & \tau_1 & \tau_1 & \tau_1 & \tau_1 & \tau_1 \\
 & q_2 & \tau_2 & \tau_2 & \tau_2 & \tau_2 & \tau_2 \\
 & & q_3 & \gamma_3 & \tau_3 & \tau_3 & \tau_3 \\
 & & & q_4 & \tau_4 & \tau_4 & \tau_4 \\
 & & & & q_5 & \gamma_5 & \gamma_5 \\
 & 0 & & & & q_6 & \gamma_6 \\
 & & & & & & q_7
\end{bmatrix}
$$

$$\boldsymbol{A}_{\mathrm{f}} = \begin{bmatrix} 0 & \gamma_1 & \tau_1 & \tau_1 & \tau_1 & \tau_1 & \tau_1 \\ & 0 & \tau_2 & \tau_2 & \tau_2 & \tau_2 & \tau_2 \\ & & q_{f3} & \gamma_3 & \tau_3 & \tau_3 & \tau_3 \\ & & & 0 & \tau_4 & \tau_4 & \tau_4 \\ & & & & 0 & \gamma_5 & \gamma_5 \\ & & & & & q_{zr1} & \gamma_6 \\ & & & & & & q_{zr2} \end{bmatrix}$$

$$\boldsymbol{A}_{\tau} = \begin{bmatrix} 0 & \gamma_1 & \tau_1 & \tau_1 & \tau_1 & \tau_1 & \tau_1 \\ & 0 & \tau_2 & \tau_2 & \tau_2 & \tau_2 & \tau_2 \\ & & 0 & \gamma_3 & \tau_3 & \tau_3 & \tau_3 \\ & & & 0 & \tau_4 & \tau_4 & \tau_4 \\ & & & & q_{fs} & \gamma_5 & \gamma_5 \\ & & & & & 0 & \gamma_6 \\ & & & & & & 0 \end{bmatrix}$$

同上，根据能量守恒定律、质量守恒定律、主、辅系统的有向图带权邻接矩阵表达规则以及矩阵的运算规则，可以得出核电机组热力系统的有向图带权邻接矩阵方程：

$$\boldsymbol{A}''\alpha + \boldsymbol{A}''_{\mathrm{f}}\alpha_{f} + \boldsymbol{A}''_{\tau}\alpha_{\tau} + \Delta q'_{\mathrm{f}} = \tau \qquad (4\text{-}70)$$

其中，α 为抽汽份额向量，α_{f}、α_{τ} 分别为第一类、第二类辅助汽水份额向量，τ 为给水焓升向量，经过上文对一次再热机组有向图带权邻接矩阵方程、二次再热机组有向图带权邻接矩阵方程及核电机组热力系统的有向图带权邻接矩阵方程的推导，可以发现三种方程的形式一致，差别仅仅在于不同机组的矩阵元素填写规则不同，因此可以使用同一种矩阵形式表达上述不同类型机组，机组类型变化后只需按照相应机组填写规则填写相应元素即可，如下式：

$$N\alpha + N_{f}\alpha_{f} + N_{\tau}\alpha_{\tau} + \Delta Q_{f} = \tau \qquad (4\text{-}71)$$

至此，本书完成了基于图论的通用电站热力系统有向图带权邻接矩阵方程的推导。

3.5.2.7 第四类辅助汽水成分分类处理

第四类辅助汽水包括诸如轴封漏汽、泵功、门杆漏汽等一些特殊的辅助汽水流所引起的做功损失 $\prod$，对于核电机组来说，中间再热采用新蒸汽再热，且高压缸排汽进入再热器之前要经过汽水分离，因此其做功损失如下。

$$\prod = \tau_b + \sum \alpha_i \left[(h_i - h_n) \right] \tag{4-72}$$

对于一次再热机组来说，其做功损失为

第四类辅助汽水从再热热段及以后出系统：

$$\prod_1 = \sum \alpha_i \left[(h_i - h_n) \right] \tag{4-73}$$

第四类辅助汽水从再热冷段出系统：

$$\prod_2 = \sum \alpha_i \left[(h_i - h_n) + \sigma (1 - \eta_0) \right] \tag{4-74}$$

一次再热机组总做功损失为

$$\prod = \tau_b + \prod_1 + \prod_2 . \tag{4-75}$$

对于二次再热机组来说，二次再热火电机组的抽汽过热度很大，为降低蒸汽过热度，此类机组的高、低压加热器普遍采用了外置式蒸汽冷却器，并且对回热抽汽通过外置式蒸汽冷却器进行过热度热量的跨级利用；二次再热火电机组采用了两级蒸汽再热用以提高机组的热经济性。其做功损失如下。

第四类辅助汽水从二次再热热段及以后出系统：

$$\prod_1 = \sum \alpha_i \left[(h_i - h_n) \right] \tag{4-76}$$

第四类辅助汽水从二次再热冷段至一次再热热段后出系统：

$$\prod_2 = \sum \alpha_i \left[(h_i - h_n) + \sigma_2 (1 - \eta_0) \right] \tag{4-77}$$

第四类辅助汽水从一次再热冷段及其以前出系统：

$$\prod_3 = \sum \alpha_i \left[(h_i - h_n) + \sigma_1 (1 - \eta_0) + \sigma_2 (1 - \eta_0) \right] \tag{4-78}$$

二次再热机组总做功损失为：

$$\prod = \tau_b + \prod_1 + \prod_2 + \prod_3 \tag{4-79}$$

3.5.2.8　电站热力系统循环热效率方程

对式(4-71)进行一系列矩阵变换，最终可以得到如下形式：

$$N^v \alpha = \tau \tag{4-80}$$

其中，$N^v = (E - N_f \alpha_f - N_\tau \alpha_\tau - \Delta q)^{-1} N$，对式(4-80)进一步做矩阵变换，得：

$$\alpha = (N^v)^{-1} \tau \tag{4-81}$$

其中，α_τ 为对角线元素为 $\alpha_{\tau i}/\tau_i$ 的 z 阶方阵；α_f 为对角线元素为 α_{fi}/τ_i 的 z 阶方阵；E 为对角线元素为 1 的 z 阶单位矩阵；Δq 为对角线元素为 $\Delta q_i/\tau_i$ 的 z 阶方阵。

对于核电机组来说，在考虑中间再热器的抽汽再热作用以及汽—水分离器的分流后，1kg 蒸汽发生器产生的新蒸汽做功为

$$H'_0 = (1-\beta)(h_0 + \sigma_{zr} - h_n) - \sum_{i=1}^{z} \alpha_i \Delta \tilde{h}_i - \prod \tag{4-82}$$

其中，h_0 为新蒸汽焓值，h_n 为排汽焓值，σ_{zr} 为 1kg 蒸汽在中间再热器中的吸热量，β 为起再热热源作用的新蒸汽份额，α_i 为从汽轮机本体的抽汽份额；$\Delta \tilde{h}_i$ 为从汽轮机本体出系统的抽汽做功损失，再热前：$\Delta \tilde{h}_i = h_i - h_{zri} + \sigma_{zr}$，再热后：$\Delta \tilde{h}_i = h_i - h_n$。

$$\sigma_{zr} = \sum_{i=1}^{n} \sigma_{zr,i} \tag{4-83}$$

其中，n 为中间再热器的级数；$\sigma_{zr,i}$ 为蒸汽在第 i 级中间再热器的吸热量，$\sigma_{zr,i} = h_{zro,i} - h_{zri,i}$；$h_{zro,i}$ 为第 i 级中间再热器出口焓值；$h_{zri,i}$ 为第 i 级中间再热器入口焓值。

电站热力系统的循环热效率可以表达为

$$\eta_0 = \frac{H_0}{Q} \tag{4-84}$$

将式（4-82）代入到式（4-84），得：

$$\begin{aligned} \eta'_0 &= \frac{H'_0}{Q'} \\ &= \frac{(1-\beta)(h_0 + \sigma_{zr} - h_n) - \sum_{i=1}^{z} \alpha_i \Delta \tilde{h}_i - \prod}{h_0 - t_{gs}} \\ &= \frac{(1-\beta)(h_0 + \sigma_{zr} - h_n) - \alpha^T \Delta \tilde{h}_i - \prod}{h_0 - t_{gs}} \end{aligned} \tag{4-85}$$

将式（4-81）代入到式（4-85），得：

$$\eta'_0 = \frac{(1-\beta)(h_0 + \sigma_{zr} - h_n) - \tau^T((\mathbf{N}^v)^{-1})^T \Delta \tilde{h}_i - \prod}{h_0 - t_{gs}} \tag{4-86}$$

对于一次再热火电机组来说，1kg 新蒸汽做功为

$$H''_0 = h_0 + \sigma_{zr} - h_n - \sum_{i=1}^{z} \alpha_i \Delta \tilde{h}_i - \prod \tag{4-87}$$

式(4-87)中，h_0 为新蒸汽焓值；h_n 为排汽焓值；σ_{zr} 为 1kg 蒸汽在再热器中的吸热量；α_i 为从汽轮机本体的抽汽份额；$\Delta \tilde{h}_i$ 为从汽轮机本体出系统的抽汽做功损失，再热前：$\Delta \tilde{h}_i = h_i - h_{zri} + \sigma_{zr}$，再热后：$\Delta \tilde{h}_i = h_i - h_n$。

一次再热火电机组热力系统的循环热效率可以表达为

$$\eta''_0 = \frac{H''_0}{Q''}$$

$$= \frac{h_0 + \sigma_{zr} - h_n - \sum_{i=1}^{z} \alpha_i \Delta \tilde{h}_i - \prod}{h_0 - t_{gs} + \alpha_{zr}\sigma_{zr}} \tag{4-88}$$

$$= \frac{h_0 + \sigma_{zr} - h_n - \alpha^T \Delta \tilde{h}_i - \prod}{h_0 - t_{gs} + \alpha_{zr}\sigma_{zr}}$$

将式(4-81)代入到式(4-88)，得：

$$\eta''_0 = \frac{h_0 + \sigma_{zr} - h_n - \tau^T((N^v)^{-1})^T \Delta \tilde{h}_i - \prod}{h_0 - t_{gs} + \alpha_{zr}\sigma_{zr}} \tag{4-89}$$

对于二次再热火电机组来说，1kg 新蒸汽做功为

$$H'''_0 = h_0 + \sigma_{zr,1} + \sigma_{zr,2} - h_n - \sum_{i=1}^{z} \alpha_i \Delta \tilde{h}_i - \prod \tag{4-90}$$

其中，h_0 为新蒸汽焓值；h_n 为排汽焓值；$\sigma_{zr,1}$ 为 1kg 蒸汽在第一级再热器中的吸热量；$\sigma_{zr,2}$ 为 1kg 蒸汽在第二级再热器中的吸热量；α_i 为从汽轮机本体的抽汽份额；$\Delta \tilde{h}_i$ 为从汽轮机本体出系统的抽汽做功损失，二次再热后：$\Delta \tilde{h}_i = h_i - h_n$，二次再热冷段至一次再热热段后：$\Delta \tilde{h}_i = h_i + \sigma_1 - h_n$，一次再热冷段及其以前：$\Delta \tilde{h}_i = h_i + \sigma_1 + \sigma_2 - h_n$。

二次再热火电机组热力系统的循环热效率可以表达为

$$\eta'''_0 = \frac{H'''_0}{Q'''}$$

$$= \frac{h_0 + \sigma_{zr,1} + \sigma_{zr,2} - h_n - \sum_{i=1}^{z} \alpha_i \Delta \tilde{h}_i - \prod}{h_0 - t_{gs} + \alpha_{zr,1}\sigma_{zr,1} + \alpha_{zr,2}\sigma_{zr,2}} \tag{4-91}$$

$$= \frac{h_0 + \sigma_{zr,1} + \sigma_{zr,2} - h_n - \alpha^T \Delta \tilde{h}_i - \prod}{h_0 - t_{gs} + \alpha_{zr,1}\sigma_{zr,1} + \alpha_{zr,2}\sigma_{zr,2}}$$

将式(4-81)代入到式(4-91)，得：

$$\eta'''_0 = \frac{h_0 + \sigma_{zr,1} + \sigma_{zr,2} - h_n - \tau^T((N^v)^{-1})^T \Delta \tilde{h}_i - \prod}{h_0 - t_{gs} + \alpha_{zr,1}\sigma_{zr,1} + \alpha_{zr,2}\sigma_{zr,2}} \tag{4-92}$$

3.5.2.9　电站燃料消耗率及燃料微分变动方程

对于核电机组来说，核电厂全厂总效率η_{as}计算公式为

$$\eta_{as} = \eta_R \eta_{sg} \eta_p \eta_0 \eta_m \eta_g \tag{4-93}$$

其中，η_g为发电机效率，η_{sg}为蒸汽发生器效率，η_R为反应堆热量利用率，η_p为管道效率，η_m为机械效率，η_0为循环热效率。因此，反应堆核燃料消耗率b_{as}可以表示为

$$b_{as} = \frac{0.054}{\eta_{as}} = \frac{0.054}{\eta_R \eta_{sg} \eta_p \eta_0 \eta_m \eta_g} \tag{4-94}$$

在机组稳定运行工况下，η_R、η_{sg}、η_p、η_m、η_g的数值基本不变，可以视作常数，对上式两边取对数，并微分得：

$$\frac{db_{as}}{b_{as}} = -\frac{d\eta_0}{\eta_0} \tag{4-95}$$

此方程即为反应堆核燃料消耗率及燃料微分变动方程，它反映了反应堆核燃料消耗率与二回路热效率变动的关系。

对于火电机组一次再热或二次再热机组来说，火电厂全厂总效率η_{cp}可以表示为：

$$\eta_{cp} = \eta_b \eta_p \eta_0 \eta_m \eta_g \tag{4-96}$$

其中，η_g为发电机效率，η_b为锅炉效率，η_0为循环热效率，η_p为管道效率，η_m为机械效率。因此，火电厂发电煤耗率b_{cp}可以表示为

$$b_{cp} = \frac{0.054}{\eta_{cp}} = \frac{0.123}{\eta_b \eta_p \eta_0 \eta_m \eta_g} \tag{4-97}$$

在机组稳定运行工况下，η_p、η_b、η_m、η_g的数值基本不变，可以视作常数，对上式两边取对数，并微分得：

$$\frac{db_{cp}}{b_{cp}} = -\frac{d\eta_0}{\eta_0} \tag{4-98}$$

此方程即为火电厂煤耗率及煤耗微分变动方程，它反映了燃煤消耗率与热力系统循环热效率变动的关系。

观察式(4-95)与式(4-98)，这两个微分方程形式一致，并且方程中元素的物

理意义一致，因此，可以将这两个微分方程归并成一个统一的方程：

$$\frac{\mathrm{d}b}{b} = -\frac{\mathrm{d}\eta_0}{\eta_0} \tag{4-99}$$

本方程为电站燃料率及燃料微分变动方程，它反映了电站燃料消耗率与电站热力系统循环热效率变动的关系。

3.5.2.10 电站热力系统辅助汽水定量分析模型

在传统的电站热力系统热经济性分析中，假定系统达到某一稳定状态后，系统的状态参数保持不变，系统的局部结构的改变或是辅助汽水流量的改变最终导致的是系统内汽水的重新分布，系统能耗的变化则是因为工质流量的分布变化而引起的。考虑到辅助系统的汽水流量及成分变动后，主系统汽水成分相关参数基本不变，因而电站机组热力系统的循环吸热量亦不变，将式(4-84)代入到式(4-99)中得

$$\frac{\mathrm{d}b}{b} = -\frac{\mathrm{d}\eta_0}{\eta_0} = -\frac{\mathrm{d}\left(\dfrac{H_0}{Q}\right)}{\left(\dfrac{H_0}{Q}\right)} = -\frac{\mathrm{d}H_0}{H_0} \tag{4-100}$$

分别对三类机组 1kg 新蒸汽做功方程(式(4-82)、式(4-87)、式(4-90))求微分，可得到相同的微分方程形式如下

$$\mathrm{d}H_0 = -\mathrm{d}\left(\sum_{i=1}^{z}\alpha_i \Delta\tilde{h}_i + \prod\right) \tag{4-101}$$

将式(4-81)代入到式(4-101)，得：

$$\begin{aligned}
\mathrm{d}H_0 &= -\mathrm{d}\left(\sum_{i=1}^{z}\alpha_i \Delta\tilde{h}_i + \prod\right) \\
&= -\mathrm{d}\left(\tau^{\mathrm{T}}((\boldsymbol{N}^v)^{-1})^T \Delta\tilde{h}_i + \prod\right) \\
&= -\tau^{\mathrm{T}}\mathrm{d}\left(((\boldsymbol{N}^v)^{-1})^T\right)\Delta\tilde{h}_i - \mathrm{d}\prod
\end{aligned} \tag{4-104}$$

主系统汽水成分相关参数基本不变，因而表征主系统汽水成分及参数的主系统矩阵 $\boldsymbol{N}$ 亦不变，所以主系统矩阵求微分后为零，式(4-103)变为如下形式：

$$\mathrm{d}H_0 = -\tau^{\mathrm{T}}\mathrm{d}(\boldsymbol{M})\Delta\tilde{h}_i - \mathrm{d}\prod \tag{4-103}$$

方程(2-40)中的 $\mathrm{d}(\boldsymbol{M})$ 为如下形式：

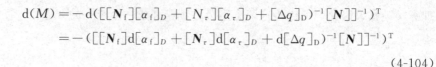

$$d(M) = -d([[\boldsymbol{N}_f][\alpha_f]_D + [\boldsymbol{N}_\tau][\alpha_\tau]_D + [\Delta q]_D)^{-1}[\boldsymbol{N}]]^{-1})^T$$
$$= -([[\boldsymbol{N}_f]d[\alpha_f]_D + [\boldsymbol{N}_\tau]d[\alpha_\tau]_D + d[\Delta q]_D)^{-1}[\boldsymbol{N}]]^{-1})^T$$

$$(4\text{-}104)$$

经过对 $d(M)$ 及 $d\prod$ 表达式进行分析可知：式中 $d(M)$ 的意义为第一类辅助汽水（h_f，α_f）、第二类辅助汽水（h_τ，α_τ）、第三类纯热量（Δq_f）进入（或离开）主系统各级加热器的汽水管路并使回热抽汽量减少（或增加）后，导致的汽轮机做功变化量。$d\prod$ 的意义为第四类辅助汽水变动引起的汽轮机做功减少量。方程中相关矩阵填写规则见上文有向图带权邻接矩阵填写规则。

将式（4-104）代入到式（4-100）中，可得

$$\frac{db}{b} = \frac{\tau^T d(M)\Delta \tilde{h}_i + d\prod}{H_0}$$

$$(4\text{-}105)$$

式（4-105）综合反映了机组稳定工况下各辅助汽水流量引起的机组辅助汽水变化对机组热经济性的影响，可以直接计算机组某一稳定工况下各辅助汽水流量对机组的重要热经济性指标——电站燃料消耗率的影响值，可从机组辅助汽水变动情况对电站机组的热经济性进行深入全面的定量分析。

3.5.3 实例分析

本书以图 3-55 所示典型压水堆核电机组二回路为例，示例使用基于图的通用电站热力系统热经济性分析方法，并对额定负荷工况下机组辅助汽水系统的热经济性进行定量分析计算。该机组热力系统的图的表达形式见图 3-58，数据整理的结果见表 3-29、表 3-30。

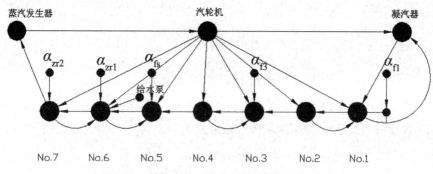

图 3-56　某核电机组热力系统的图的表达形式

表 3-29　主系统主要参数

加热器编号	q_i/(kJ·kg^{-1})	τ_i/(kJ·kg^{-1})	γ_i/(kJ·kg^{-1})
1	2194.4	117.6	104.4
2	2222.3	107.9	0
3	2348.5	94.1	106.9
4	2360.3	90.5	0
5	1900.5	117.8	153.6
6	1867.2	149.8	147.6
7	1773.9	96.8	0
主蒸汽焓值	2772.5	排汽焓值	2354.6

表 3-30　辅助系统参数

辅助汽－水流	符号	份额	h_fi/(kJ·kg^{-1})	q_fi/(kJ·kg^{-1})
1	α_{f1}	0.00034	2847.4	2430.7
2	α_{f3}	0.00058	2991.0	2598.6
3	α_{fs}	0.10233	699.4	122.4
4	α_{zr1}	0.04356	1009.0	278.4
5	α_{zr2}	0.05385	1281.6	403.4

按照核电机组有向图带权邻接矩阵的填写规则，各矩阵及子矩阵填写如下：

$$
N=\begin{bmatrix}
q_1 & \gamma_1 & \tau_1 & \tau_1 & \tau_1 & \tau_1 & \tau_1 \\
 & q_2 & \tau_2 & \tau_2 & \tau_2 & \tau_2 & \tau_2 \\
 & & q_3 & \gamma_3 & \tau_3 & \tau_3 & \tau_3 \\
 & & & q_4 & \tau_4 & \tau_4 & \tau_4 \\
 & & & & q_5 & \gamma_5 & \gamma_5 \\
 & & 0 & & & q_6 & \gamma_6 \\
 & & & & & & q_7
\end{bmatrix}
$$

$$N_f = \begin{bmatrix} 0 & \gamma_1 & \tau_1 & \tau_1 & \tau_1 & \tau_1 & \tau_1 \\ & 0 & \tau_2 & \tau_2 & \tau_2 & \tau_2 & \tau_2 \\ & & q_{f3} & \gamma_3 & \tau_3 & \tau_3 & \tau_3 \\ & & & 0 & \tau_4 & \tau_4 & \tau_4 \\ & & & & 0 & \gamma_5 & \gamma_5 \\ & & & & & q_{zr1} & \gamma_6 \\ & & & & & & q_{zr2} \end{bmatrix}$$

$$N_\tau = \begin{bmatrix} 0 & \gamma_1 & \tau_1 & \tau_1 & \tau_1 & \tau_1 & \tau_1 \\ & 0 & \tau_2 & \tau_2 & \tau_2 & \tau_2 & \tau_2 \\ & & 0 & \gamma_3 & \tau_3 & \tau_3 & \tau_3 \\ & & & 0 & \tau_4 & \tau_4 & \tau_4 \\ & & & & q_{fs} & \gamma_5 & \gamma_5 \\ & & & & & 0 & \gamma_6 \\ & & & & & & 0 \end{bmatrix}$$

$$\prod = \tau_b + \alpha_{f1}(h_{f1} - h_n) + \alpha_{f3}(h_{f3} - h_n) + \alpha_{fs}(h_{fs} - h_n) + \alpha_{zr1}(h_{zri,1} - h_n) + \alpha_{zr2}(h_0 - h_n)$$

$$[\alpha_f]_D = \mathrm{diag}[0, 0, \alpha_{f3}/\tau_3, 0, 0, \alpha_{zr1}/\tau_6, \alpha_{zr2}/\tau_7]$$

$$[\alpha_\tau]_D = \mathrm{diag}[0, 0, 0, 0, \alpha_{fs}/\tau_5, 0, 0]$$

$$[\Delta q_f]_{D2} = \mathrm{diag}[\alpha_{f1}q_{f1}/\tau_1, 0, 0, 0, 0, \tau_b/\tau_6, 0]$$

本文采用常规热平衡算法校验本文所述方法计算结果的准确性，计算结果见表 3-31。从表 3-31 所示结果可以看出，两种方法计算结果一致，说明本书所述方法计算结果正确。

表 3-31 计算结果

项目	辅助汽水份额	本书所述方法	常规计算方法
辅助汽水对热经济性的影响（核燃料消耗相对变化量）/%	α_{f1}	0.0203321	0.0203321
	α_{f3}	0.0296541	0.0296541
	α_{fs}	0.1035365	0.1035365
	α_{zr1}	0.3056323	0.3056323
	α_{zr2}	0.3087316	0.3087316

第4章

能量定价方法

在能量系统的热经济学分析中，能量定价关系到方方面面，其是能量系统中热力学的物理量纲与经济学量纲转换的关键。需要注意的是：能量进行价格并非是一件容易的事，需要考虑的内容较多。如热电联产的热电两成本分摊问题，至今仍然是一个具有争议性的话题。能源的定价问题不但影响者能源的生产与消费，也关系着国家的民生问题；既与能源生产和利用的政策法规有关，又涉及经济规律中的价格形成理论；也与能量本身的特性有关，如能的品位、形式、参数等。本书重点研究后一个问题，即如何根据能量本身特性来研究制定其价格。针对这个问题研究涉及的内容也是十分广泛的，如常规一次能源(如天然气、石油、煤炭等)定价，不同形式、种类能源的价格比值的确定等问题。能源同其他货架产品一样，也属于一种商品，其价格涉及与其他商品价格之间的关系。本书相关内容主要包括：按照不同能量形式、不同能量品位及其参数，确定在能量系统中能量流的价格或成本，以及如何在能量系统中进行成本分摊等问题。

4.1 能量的价格化及定价

当从热力学跨越到经济学时，需要着重考虑能量价格化问题。从工程经济的角度看，能量应具有使用价值与经济价值两重属性。能量具有促成变化的能力，可提供动力，如汽油储存的化学能、水坝储存的高水位水头的势能、化学反应中所消耗的能量等。从经济角度看，一般能量资源都具有稀缺性，地球上的煤炭、石油、天然气都在日益减少，"能源危机"的阴影笼罩全球。即使是可再生的能源也具有稀缺性，开发和利用这些能源需要花费巨大的资金，代价高昂。

能源的使用价值是经济价值物质承担者的基础。不具备使用价值的能源便无经济价值。虽然大气环境中具有大量的热力学能，但从能量利用的角度，更确切地说是从能量转换的角度来说，已不具有使用价值，因而也就没有经济价值。例如，海水中含有大量的氘元素，能通过聚变反应释放出巨大的能量，但在核聚变反应装置开发出来前，氘不具有使用价值，也不具有经济价值。同时，具有使用价值的能源，也未必都有经济价值，例如太阳，具有大量辐射能，但它没有稀缺性，因此不具备经济价值。

能量定价并非简单的问题，还需要考虑生产相应能量的代价和经济效益等多种因素。能源比价是计算其他能源价格的重要参量。接下来我们介绍能源比价的策略。例如，标煤的热值为 20 930kJ/kg（5 000kcal/kg），劣质煤炭的热值为 10465kJ/kg（2 500kcal/kg），而重油的热值为 41 860kJ/kg（10 000kcal/kg）。这三种燃料的热值之比约为 2∶1∶4。以此定比价，若劣质煤炭的价格为 100 元/吨，标煤就应为 200 元/吨，而重油的价格应为 400 元/吨。

虽然这种定价方法简单，但并不准确，原因在于区别燃料的特性除其热值因素外还需考虑其他特性，如燃料的组成成分（如灰分、硫分、水分及某些金属元素含量等都会影响其价格）。故某些情况下，燃煤热值虽然相同，但由于组分不同或供需紧张关系不同，价格也会有较大差异。

若按焓值计算热电联产机组输出的蒸汽成本，其结果也不一定合理。在一定条件下，若按焓值计算不同压力下的低压蒸汽的单位成本，其结果可绘成如图 4-1 所示的曲线。

如图 4-1，若低压蒸汽的压力降低到 0.003 17MPa 时（对应饱和温度为 25℃），每千克蒸汽的成本为 0.022 元，与较高压力 0.317MPa 对应的蒸汽单价为 0.027 元/kg，两者价格相差甚微。但 0.317MPa 的蒸汽具有较高使用价值，而 25℃、0.00317MPa 的蒸汽几乎没有可利用价值。故以焓值去顶能源比价有一定局限性，因而不够科学。原因在于以热力学第一定律所表征的能来反映能的使用价值，不可能得到科学的、与使用价值相一致的经济价值。

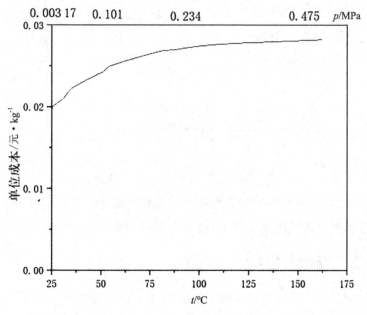

图 4-1　低压蒸汽的成本曲线

4.2 能量的㶲经济学定价

4.2.1 以㶲定价的合理性

㶲是"势参数"，它结合热力学第一和第二两个定律，表征能量价值。它不但可以从能量的数量进行评价，还能从能量的质量方面来评价。一定数量的能量中包含着多少㶲就能反映这种能的质量高低。

能量质量的高低取决于单位能量中所包含的㶲。因此，只有通过㶲来确定能源的价值，才能使其使用价值与经济价值得到较好的匹配。例如，热电联产的热电成本分摊可使用㶲为基础计算，图 4-2 是以㶲为基础计算的结果。

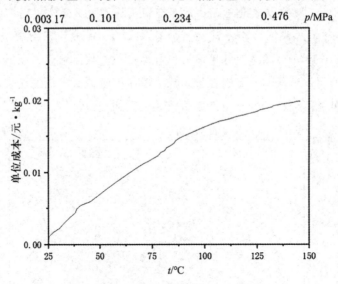

图 4-2　以㶲为基础的低压蒸汽单位成本曲线

由图 4-2，此方法能比较正确地反映低压蒸汽的使用价值，当其压力低到无法使用时，即对应环境压力和环境温度时，其使用价值也就趋近于零。

4.2.2 以㶲定价的使用范围

虽然以㶲定价有其合理性，但也并意味着进行能量系统分析时，都以㶲定价，而绝对排除以能来定价。具体以能定价还是以㶲定价，需要根据所分析的能量系统性质而定。故为了分析问题方便，可把能量系统按其输出的产品性质分成两类。

第一类：只输出质量特性固定且单一产品的能量系统，比如生产固定压力和温度热水的锅炉，或生产单一电能产品的凝汽式发电厂等。

第二类：输出可变质量特性的单一产品和输出数种不同且质量特性有差异的产品的能量系统。

第一类的产品单一且质量特性固定，其产品的含能量与含㶲量的比值为常数，此类系统以能定价和以㶲定价之间无本质差别，其价格比也为常数关系。

第二类产品的情况就有区别了，这类系统虽然也可能只生产一种产品，但因其质量特性不固定，而产品的㶲值与焓值比值就不固定，以㶲定价与以能定价两种方式将产生差别，这种差别反映了能量的可用性差异，因而其使用价值也就不一样。具体到生产两种以上不同品位的产品，则更无法计算其㶲与焓比值，以㶲定价与以能定价就会得到不同的价格，这种情况下就需要以㶲定价，而不能以能定价。

综上所述，只有在特定条件下，以能定价与以㶲定价才有一致性，而这种特定条件是系统分析中很少遇到的特例，而实际能量系统分析与优化中所遇到的情况往往较复杂，故以㶲定价更普遍。所以在㶲经济学分析和优化中，一般以㶲为基础进行分析计算，均采用以㶲定价。这也是㶲经济学通常以热力学第二定律为基础进行分析的重要原因。

4.3　㶲经济学成本方程

传统的基于热力学定律的能量系统分析不考虑环境基准，只把能量看成简单的与环境无关的物理量，进行系统分析时只关心能量的数量关系，因此只要列能量平衡方程就足矣；而㶲为势参数，它与系统及外部环境都有关系，不管系统还是环境改变都会引起㶲值的变化，故以㶲为基础的能量系统分析，需先确定环境基准态。

㶲经济学分析需要同时考虑热力学技术指标和经济指标，除了计算㶲值变化的基准态，即物理环境外，还需考虑经济环境，描述经济环境的参量通常为价格、利率、通货膨胀率等一系列的经济指标。

烟经济学还可以把系统中(包括系统与环境之间)相互作用的能量、物质以及现金都看成是流,它们都遵循着严格的规律,从系统的某一部分流入或流出,或由系统流入环境或从其中流出,描述这些流的规律的数学表达式就是方程。

本节所讨论的成本方程也就是描述经济参量流动的现金流。烟经济学分析就是要根据这些流在系统中所构成的能量平衡(包括烟平衡)方程、质量平衡方程及现金平衡方程,评价能量系统。所谓现金平衡就是指系统的产品成本与为了获得此项产品而支付的全部费用的平衡,这些费用一般包括原材料费用、燃料费用和动力费用、设备的运行维护费用等。

依据上文分析,能量定价以烟定价更合理。但对于能量产品的成本,还应进一步划分。获得能量产品所付出代价,包含直接的能量消耗,也包含非能量性的消耗,故应把能量成本划分成能量费用和非能量费用两部分,即

$$成本费用 = 能量费用 + 非能量费用$$

烟经济学分析中,常用下列方程来描述成本构成,图 4-3 表示这些成本构成的关系。

$$c_{pr}E_{pr} = c_{in}E_{in} + C_n \tag{5-1a}$$

其中,E_{pr}、c_{pr}——产品的烟及其单价;

E_{in}、c_{in}——输入系统的烟及其单价;

C_n——非能量费用,可表示为:

$$C_n = \sum_{i=1}^{n} Z_i + R \tag{5-1b}$$

其中,Z 为各种设备的折旧费,R 为工资、管理等固定费用。

由图 4-3,烟的价格是在系统边界上确定的,符合能量系统分析的"黑箱法"(不管系统内部情况如何,只以输入和输出系统的各股物流、能流、烟流及现金流平衡求解的方法)。

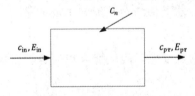

图 4-3 成本构成示意图

此外,当对系统分析的精度有更高的要求时,可将系统划分成若干子系统,各子系统的烟价在子系统边界上确定。而且子系统的划分是没有限制的,其划分

的疏密度或叫粒度，也可叫作集成度，可根据分析的目的和要求，以及详略程度来决定。

如图4-4所示，将一个系统划分成1和2两个子系统。㶲流 E_{in} 由子系统1进入子系统2，子系统2输出产品㶲流 E_{pr}，子系统1的㶲价 c_{in} 为市场上买入的燃料或其他原料的价格。子系统1输出的㶲价等于输入子系统2的㶲价 $c_{1,2}$，子系统2输出的㶲是产品㶲，产品需出售给市场，故 c_{pr} 是由市场价格决定。

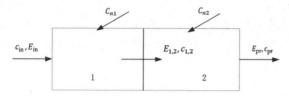

图 4-4　划分两个子系统的能量系统

由式(5-1)，上述系统的产品㶲成本方程可写成

$$E_{1,2} c_{1,2} = c_{in} E_{in} + C_{n1} \tag{5-2}$$

其中：$E_{1,2}$、$c_{1,2}$ 为由子系统1输入子系统2的㶲及其单位成本。

对于子系统2，其输入㶲流为 $E_{1,2}$，其单位㶲成本可写成

$$C_{pr} E_{pr} = c_{1,2} E_{1,2} + C_{n2} \tag{5-3}$$

整个系统的产品㶲成本不因划分子系统而改变，可表示为

$$C_{pr} E_{pr} = C_{in} E_{in} + C_{n1} + C_{n2} \tag{5-4}$$

由式(5-4)，子系统2的输入㶲单位价格等于子系统1输出产品㶲的单位成本。因为子系统与子系统之间的㶲交换不计利润，称为内部经济，其㶲价也叫传递价格。

由上述分析可知，由系统分成子系统后，列其成本方程时，需注意如下两个方面

(1)子系统的成本方程必须满足经济平衡准则，即子系统的"产品"㶲成本也应包括两项：能量费用与非能量费用。

(2)每个子系统向其下一个子系统输出"产品"时，应遵守内部经济法则，不加利润，只按其成本定价，即传递价格。

4.4　㶲的不等价性

㶲仅是能量中的无限可转换的那部分，可以忽略不同形式能量的差别，故㶲

可把不同形式的能量统一评价。但不能因此而将所有㶲的经济价值完全等同看待，因为在系统的不同部位和过程的不同阶段，为获得等量㶲所支付的代价也会不同，能量消耗和非能量消耗越靠近系统末端越大，而越靠近系统初端越小。因此，在经济上，㶲并不等价。

为明晰㶲的不等价性，现举例分析一个链式系统，如图 4-5 所示，各子系统的成本方程如下：

子系统 1 的成本方程为

$$C_1 = E_{in}c_{in} + C_{n1} \tag{5-5}$$

其中，C_1 为子系统 1 输出产品㶲 E''_1 的总成本。

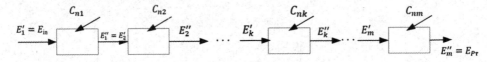

图 4-5　依次排列的链式系统

按照子系统成本方程，子系统 2 的输出产品的总成本为

$$C_2 = C_1 + C_{n2} = E_{in}c_{in} + C_{n1} + C_{n2} \tag{5-6}$$

子系统 k 的总成本方程可表示为

$$C_k = E_{in}c_{in} + \sum C_{ni} \tag{5-7}$$

子系统 k 出口㶲 E''_k 经历其前各子系统累计㶲损后所需输入㶲为

$$E_{in} = \frac{E''_k}{\prod\limits_{i=1}^{k} \eta_i}$$

将其代入式(5-7)，有

$$C_k = c_{in}E''_k / \prod_{i=1}^{k} \eta_i + \sum_{i=1}^{k} C_{ni} \tag{5-8}$$

于是，子系统 K 的输出㶲 E''_k 的单位成本为

$$c_k = C_k / E''_k = c_{in} / \prod_{i=1}^{k} \eta_i + \sum_{1}^{k} C_{ni} / E''_k \tag{5-9}$$

$$= (c_{in} + \sum_{i=1}^{k} C_{ni} / E_{in}) / \prod_{i=1}^{k} \eta_i = \beta_k C_{ia}$$

其中，β_k 被称做子系统 K 的单位㶲成本增长系数，即

$$\beta_k = c_k / c_{in} = (1 + \sum_{i=1}^{k} C_{ni} / E_{in}c_{in}) / \prod_{i=1}^{k} \eta_i \tag{5-10}$$

由式(5-10)可知，由于每个子系统的㶲效率 η_i 都是介于 0 与 1 之间的值，而且非能量费用 $\sum_{i=1}^{k} C_{ni}$ 是累计值，会越来越大，故 β_k 总是大于 1，而且随序数 K 的增大而增大。这说明在系统的不同部位其㶲成本是有差异的，也就是说㶲在经济上是不等价的。造成㶲成本递增的因素主要有两个：一是能量的，即能量转换过程的不可逆性造成的；二是非能量的，即非能量成本递增导致的结果。

4.5　热经济学成本分摊法

对于单一产品的能量系统，产品成本可运用成本方程直接求取。但是在能量系统分析中，也常遇到多能联供的系统，如热电联产电厂。对于这类多种产品输出的能量系统进行㶲经济学分析和优化时，其产品的成本分摊是一个很重要的课题。采用不同的分摊方法，就会导致不同的产品成本或产品价格，进而影响对这类系统的经济效益评估。因此，寻求合理的成本分摊原则与方法，也是㶲经济学分析和优化的研究热点。

此外，由于㶲流在系统的不同部位是不等价的。故在㶲经济学分析中不能忽视㶲流的不等价性因素。所以对于多种产品输出的能量系统的㶲经济分析，也需要依据两个原则：一是以㶲为基础定价的原则，二是要考虑㶲流的不等价性的原则。

借助表征㶲流的㶲经济学不等价性的㶲成本增长系数 β，可以解决多产品能量系统的㶲成本分摊问题。如图 4-6 所示，以一个多输入和多产出的子系统讨论。

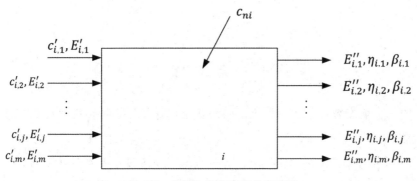

图 4-6　多输入和多产出的子系统

图 4-6 中，$E'_{i,j}$ 表示进入子系统 i 的第 j 股输入㶲流，$c'_{i,j}$ 表示其内部传递价格（㶲成本单价），$E''_{i,j}$ 表示子系统 i 的第 j 股输出㶲流，$\eta_{i,j}$ 表示此㶲流的转换效

率，它们应满足关系式：

$$\frac{E''_{i,j}}{\eta_{i,j}} = E'_{i,j} \tag{5-11}$$

所谓转换效率就是通过子系统后㶲流 $E'_{i,j}$ 转换成 $E''_{i,j}$ 后，$E''_{i,j}$ 与 $E'_{i,j}$ 的比值。设 $\beta_{i,j}$ 为子系统 i 输出㶲流 $E''_{i,j}$ 的单位㶲成本增长系数，其定义为

$$\beta_{i,j} = \frac{c''_{i,j}}{c_{in}} \tag{5-12}$$

其中，$c''_{i,j}$ 为 $E''_{i,j}$ 的单位㶲成本；C_{in} 为子系统 i 的输入㶲流的平均单位㶲成本。

子系统 i 的每股㶲流的成本分配，可按照各自的输入㶲流的消耗量计算，即：

$$C''_{i,j} = c_{i,j}E_{i,j} = E''_{i,j}/(\eta_{i,j}\sum E'_{i,j})(\sum C'_{i,j}E'_{i,j} + C_{ni}) \tag{5-13}$$

其中，C_{ni} 部为子系统 i 中的非能量消耗费用。

子系统 i 的所有输入㶲流的平均单价（内部或传递价格）为该子系统的比㶲费用，其表达式为

$$\overline{c'}_i = \sum E'_{i,j}C'_{i,j}/\sum E'_{i,j} \tag{5-14}$$

子系统 i 的非能量费用均摊到其输入㶲流的单位㶲费用中，简称为子系统 i 的比非能量费用，其表达式为

$$\overline{c}_{ni} = C_{ni}/\sum E'_{i,j} \tag{5-15}$$

将式(5-14)和式(5-15)代入式(5-13)，求出 $c''_{i,j}$ 的表达式

$$c''_{i,j} = (\overline{c'}_i + \overline{c}_{ni})/\eta_{i,j} \tag{5-16}$$

再根据 $\beta_{i,j}$ 的定义，可知

$$c''_{i,j} = \beta_{i,j}c_{in}$$

故

$$\beta_{i,j} = (\overline{c'}_i + \overline{c}_{ni})/\eta_{i,j}c_{in} \tag{5-17}$$

式(5-17)表明：子系统 j 输出㶲流 $E''_{i,j}$ 的㶲成本增长系数与该子系统的比能量费用 $\overline{c'}_i$ 与比非能量费用之和成正比，而与输出㶲流 $E''_{i,j}$ 的转换效率成反比。式(5-17)的成立是以各股输出㶲流的费用各按自己的输入㶲消耗量进行分配为前提的。这就意味着把㶲作为计算基准。如若还考虑其他因素对成本分摊的影响，就需对 $\beta_{i,j}$ 进行必要的修正。取 $\alpha_{i,j}$ 为修正系数，式(5-17)可改写成

$$\beta^r_{i,j} = (\overline{c'}_i + \overline{c}_{ni}\alpha_{i,j})/\eta_{i,j}c_{in} \tag{5-18}$$

一般的情况下，$\alpha_{i,j}$ 主要是对非能量费用进行修正。无论是修正过的成本增

长系数 $\beta'_{i,j}$，还是未经修正的 $\beta_{i,j}$，都应满足成本方程，即：

$$\sum \beta_{i,j} c_{in} E''_{i,j} = \sum c'_{i,j} E'_{i,j} + C_{ni} \qquad (5-19)$$

假如系统具有分支子系统时，分析方式如下：

图4-7包含3个子系统，其中子系统3为分支子系统，它与子系统2之间也有㶲流通过。C_{n1}、C_{n2} 和 C_{n3} 分别为各子系统的非能量费用。

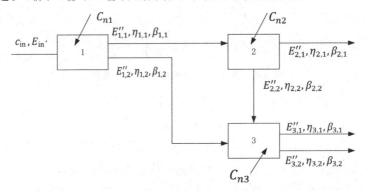

图 4-7　具有分支的多产品系统

对这类复杂系统的产品成本分摊，只要按各子系统进行分析，也可以求得较合理的结果，步骤如下：①根据(5-14)和(5-15)计算出子系统的比能量费用 $\overline{c'_1}$ 和比非能量费用 $\overline{c_{n1}}$；②根据式(5-17)分别求出 $E''_{1,1}$ 和 $E''_{1,2}$ 的成本增长系数 $\beta'_{1,1}$ 和 $\beta'_{1,2}$；③根据式(5-12)分别求出 $E''_{1,1}$ 和 $E''_{1,2}$ 的单位㶲成本 $C''_{1,1}$ 和 $C''_{1,2}$④依此类推，求出各子系统的单位㶲成本。计算结果列入表4-1。

表 4-1　系统㶲成本计算结果

项目\子系统	$\overline{c'_i}$	$\overline{c_{ni}}$	$\beta_{i,1}$	$\beta_{i,2}$	$c''_{i,1}$	$c''_{i,2}$
$i=1$	c_{1n}	$\dfrac{C_{n1}}{E_{in}}$	$\dfrac{\overline{c'_1}+\overline{c'_{n1}}}{\eta_{1,1}c_{in}}$	$\dfrac{\overline{c'_1}+\overline{c'_{n1}}}{\eta_{1,2}c_{in}}$	$\beta_{1,1}c_{in}$	$\beta_{1,2}c_{in}$
$i=2$	$c''_{1,1}$	$\dfrac{C_{n2}}{E''_{1,1}}$	$\dfrac{\overline{c'_2}+\overline{c'_{n2}}}{\eta_{2,1}c_{in}}$	$\dfrac{\overline{c'_2}+\overline{c'_{n2}}}{\eta_{2,2}c_{in}}$	$\beta_{2,1}c_{in}$	$\beta_{2,2}c_{in}$
$i=3$	$\dfrac{E''_{2,2}c''_{2,2}+E''_{1,2}c''_{1,2}}{E''_{2,2}+E''_{1,2}}$	$\dfrac{C_{n3}}{E''_{2,2}+E''_{1,2}}$	$\dfrac{\overline{c'_3}+\overline{c'_{n3}}}{\eta_{3,1}c_{in}}$	$\dfrac{\overline{c'_3}+\overline{c'_{n3}}}{\eta_{3,2}c_{in}}$	$\beta_{3,1}c_{in}$	$\beta_{3,2}c_{in}$

以某背压式汽轮机的产品成本分摊问题为例，说明该方法。图4-8为背压式汽轮机的简单示意图。

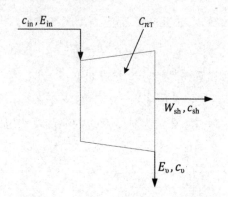

图 4-8 背压式汽轮机成本方程示意图

这种汽轮机输出电热两种产品。它的成本方程可表示为

$$c_{in}E_{in} + C_{nT} = W_{sh}c_{sh} + E_v c_v \tag{5-20}$$

其中，E_{in}、c_{in} 分别为输入㶲及其单价，C_{nT} 为汽轮机装置的非能量费用，W_{sh}、c_{sh} 为输出轴功㶲及其单价，E_v、c_v 为输出低压蒸汽㶲及其单价。

利用成本方程等关系式和概念，可以分析几个常用的热电分摊方法。

1. 产品㶲等价法

此方法认为各产品的单位㶲成本是等价的，即

$$c_{sh} = c_v$$

由式(5-20)，有

$$c_{sh} = c_v = (c_{in}E_{in} + C_{nT})/(E_v + W_{sh}) \tag{5-21}$$

利用式(5-12)与式(5-18)，对产品㶲等价法进一步分析。由式(5-12)可得，低压蒸汽(产品 1)与汽轮机发出的轴功(产品 2)的㶲成本增长系数是相等的，结合式(5-21)，可得：

$$\beta_v = \beta_{sh} = (c_{in} + \bar{c}_{nT})/[(E_v + W_{sh})/E_{in}]c_{in} \tag{5-22}$$

其中，c_{in}——既是输入蒸汽的㶲单价，又是背压汽轮机输出两种产品所消耗的比能量费用；

$\bar{c}_{nT}$——背压汽轮机的比非能量费用。

将式(5-22)与式(5-18)对比，可得：

$$\eta_{sh} = \eta_v = (E_v + W_{sh})/E_{in}$$

$$\alpha_{sh} = \alpha_v = 1 \tag{5-23}$$

式(5-23)表明：产品㶲等价法认为低压蒸汽的㶲转换效率 η_v 与汽轮机轴功的㶲转换效率为 η_{sh} 是相等的。低压蒸汽的修正系数 α_v 与汽轮机轴功的修正系数 α_{sh}

均等于 1。这就意味着把非能量费用在轴功与低压蒸汽之间，按照各自所耗㶲值分摊了。因此，㶲等价法是把输出的轴功与输出的低压蒸汽在实质上看成是同一种产品。

2. 蒸汽等价法

此方法把进入汽轮机的蒸汽与排出汽轮机的低压蒸汽的㶲价等同起来。由式(5-20)，可解出：

$$c_{sh} = c_{in}(E_{in} - E_v)/W_{sh} + C_{nT}/W_{sh}$$

$$c_v = c_{in} \tag{5-24}$$

由于 $c_v = c_{in}$，明显可见，低压蒸汽的㶲成本增长系数 $\beta_v = 1$，由式(5-18)可得：

$$\beta_v = (c_{in} + \bar{c}_{nT}\alpha_r)/\eta_v c_{in}$$

因此：

$$\alpha_v = 0, \quad \eta_v = 1$$

由式(5-24)求出汽轮机的轴功㶲成本增长系数 β_{sh}

$$\beta_{sh} = c_{sh}/c_{in} = (c_{in} + \bar{c}_{nT}(E_{in}/(E_{in} - E_v)))/[W_{sh}/(E_{in} - E_v)c_{in}]$$

根据式(5-18)又知：

$$\beta_{sh} = (c_{in} + \bar{c}_{nT}\alpha_{sh})/\eta_{sh}c_{in}$$

两式相比，可知

$$\alpha_{sh} = E_{in}/(E_{in} - E_v) > 1$$

$$\eta_{sh} = W_{sh}/(E_{in} - E_v) < 1$$

由 $\alpha_v = 0$ 和 $\alpha_{sh} = E_{in}/(E_{in} - E_v)$，可见汽轮机轴功负担了低压蒸汽的那部分非能量费用。而 $\eta_v = 1$ 也说明这种分摊方法认为产生低压蒸汽的过程是没有㶲损失的。以此方法来定价，汽轮机轴功所分的㶲价偏高，而低压蒸汽的㶲价偏低。因此，只有当这类电厂主要用轴功来发电，而低压蒸汽只当作副产品时，才能使用这一种分摊法，它实际上是把联产的收益全部归给供热。

产品㶲等价法也好，蒸汽等价法也好，都是受人为主观因素影响，因此，都不可能得出合理分摊成本的结论。要想得到客观、合理的成本分摊结果，只有根据具体情况，合理地确定式(5-18)中系数 $\alpha_{i,j}$ 和 $\eta_{i,j}$ 的取值。一般情况下，可取 $\alpha_{i,j} = 1$，而 $\eta_{i,j}$ 则只能根据整个生产过程中的不可逆程度来定。

4.6 成本与价格的关系

根据价格理论，成本是制定价格的最低界限，是价值主要部分的货币表现。准确地确定商品价格是很复杂的，一般均以成本为主要依据。

成本是指生产某种商品所需的消耗。企业运营需要把支出补偿回来以维持生产并扩大再生产，从中获得利润。因此，商品的价格包括两部分，即 C 成本和 V 通过自身劳动创造的价值。另一部分的商品价值由表现为盈利 m，包括利润和税金，这部分价值不包括在成本中。

在正常情况下，商品售价应高于成本，即 $C+V+m$。通过商品出售所获收益不仅能够补偿生产者的物质消耗和劳动报酬支出，而且还能提供盈利，为扩大再生产创造条件。

企业要提高盈利，一种方法是在提高设备利用率前提下增加产量。然而，这种提高需要考虑市场需求，因为一般情况下，产量的增加会导致价格的下降，致使企业的总收益未必增加。另一个提高盈利的方法是降低成本，尤其是在能源工业中，需要节能降耗、减少燃料和动力消耗等。按照能量的温度对口、梯级利用的原则，才能达到节能的目的。

对能源工业企业来说，可以采取以下措施降低成本：①节约原材料、燃料和动力，提高设备的能效，从而减少单位产品成本中的物化劳动量；② 提高劳动生产率，从而降低单产活劳动消耗，降低工资成本；③采用新品种、新原材料、新燃料、新动力，包括利用新能源，可以节省煤或油，降低成本；④降低废品率，减少产品在运输、保管中的损耗；⑤提高流动资产的利用率。

第5章

炯经济学方法概述

无论是基于热力学第一定律的能分析，还是基于热力学第二定律的可用能分析和能级分析，均属于热力学分析的范畴，被称为纯技术分析，其所涉及的全都是热力学相关内容。然而，热力学分析的目的是为了优化系统，提高经济效益。当热力学分析作为获取经济利益的工具时，就必然需要与经济相联系。

此外，从热力学的观点来看，基于热力学第二定律的分析方法是优于热力学第一定律分析方法的，然而从实际工程应用角度来看，这些分析方法都有一定的局限性。首先，由热力学第二定律得出的结论具有理论指导性，但不能作为工程决策依据。任何技术性指导意见是否获得工程采用，都需要基于经济分析以及社会效益分析等才能决策。其次，㶲分析涉及的能量等价，在工程上并不等价，对电、煤以及蒸汽的工程应用，需要使用不同的工程装备，因而也就存在投资收益不同的经济问题。要解决这些问题，只有将热力学分析和经济学分析有效地结合起来，才最终形成了㶲经济学分析方法。

5.1 㶲经济学方法及概念

㶲经济分析揭示了最终产品的成本组成与形成过程，评价部件和系统的㶲经济性能，将对系统的分析细化至各个部件。对比传统的㶲分析，㶲经济分析结合了经济原理，可以提供更多有效信息，进而找出节约投资，提高效率的方向。

在进行㶲经济分析之前，应明确各个部件的燃料㶲和产品㶲。燃料㶲表示用于生产最终产品的㶲，产品㶲表示部件的期望㶲产品。㶲经济分析将所有投入成本分摊至各个物质流中，揭示最终产品的成本组成与形成过程。因此，在设计系统时，研究人员可以决定某一部件是选择以牺牲投资成本为代价换取效率的提高，还是牺牲效率换取投资成本的降低，提高整个系统的经济效益。如果将投资成本与㶲损分为可避免与不可避免的部分，可以从根本上提高系统的潜力。

本书的㶲经济分析基于特定㶲成本法进行，系统中与每一种物质流和能量流相关的成本根据每个系统组件的成本平衡方程以及辅助方程计算。假设㶲流进入部件的成本是已知的，当流出的能量流数量大于1时，仅靠成本平衡方程无法计算出口㶲流的成本，需要加入辅助方程。辅助方程的建立需要对每个部件的目的进行判断，按流量的比例分配成本。所需方程数量随着分析中考虑的㶲的种类的增加而增加。

对于可以吸收热量以及做功的系统部件 j，系统的成本平衡方程可以描述为

$$\sum_k \dot{C}_{\mathrm{in},k} + \dot{C}_{\mathrm{Q},k} + \dot{Z}_j = \sum_k \dot{C}_{\mathrm{out},k} + \dot{C}_{\mathrm{W},k} \tag{6-1}$$

$$\dot{C}_k = c_k \dot{E}_k \tag{6-2}$$

$$\dot{C}_{\mathrm{w}} = c_{\mathrm{w}} \dot{w}_k \tag{6-3}$$

$$\dot{C}_{\mathrm{q}} = c_{\mathrm{q}} \dot{E}_{\mathrm{q}} \tag{6-4}$$

其中，c_k、c_{w}、c_{q} 分别为物流、功流及热流的单位炯成本，\$/kJ。

$\dot{C}_{\mathrm{in},k}$——状态点 k 入口的成本率；

$\dot{C}_{\mathrm{out},k}$——状态点 k 出口的成本率；

$\dot{C}_{\mathrm{W},k}$——状态点 k 耗功的成本率；

$\dot{Z}_j$——部件 j 的成本率，\$/s；

$\dot{E}_k$——状态点 k 的炯，kW；

$\dot{C}_{\mathrm{Q},k}$——状态点 k 输入或输出热量的成本率。

部件 j 的成本率 $\dot{Z}_j$ 可以由下式得到，式中 N 为系统运行小时数。

$$\dot{Z}_j = \frac{Z_j \cdot \mathrm{CRF} \cdot \varphi}{N} \tag{6-5}$$

其中，CRF——资本回收系数；

φ——运维成本系数；

N——系统运行小时数。

$$\mathrm{CRF} = \frac{i_1 (1+i_1)^{n_1}}{(1+i_1)^{n_1} - 1} \tag{6-6}$$

其中，i_1——利率，6%；

n_1——系统的生命周期。

部件 j 因炯损而产生的成本率可定义为

$$\dot{C}_{\mathrm{D},j} = c_{\mathrm{F},j} \dot{E}_{\mathrm{D},j} \tag{6-7}$$

其中，$\dot{C}_{\mathrm{D},j}$——部件 j 因炯损而产生的成本率；

$c_{\mathrm{F},j}$——燃料单位成本，\$/kJ。

燃料单位成本定义如下：

$$c_{F,j} = \frac{\dot{C}_{F,j}}{\dot{E}_{F,j}} \tag{6-8}$$

其中，$\dot{C}_{F,j}$——部件 j 的燃料成本率；

$\dot{E}_{F,j}$——部件 j 的燃料㶲，kW。

部件 j 的投资成本与㶲损成本之比为㶲经济因子，为最重要的㶲经济参数之一。当㶲经济因子的值较高时，表明部件的资本投资克服了与该组件的低热力学效率相关的成本，可以考虑减少投资，但系统的效率可能降低。

$$f_j = \frac{\dot{Z}_j}{\dot{Z}_j + \dot{C}_{D,j}} \tag{6-9}$$

式中，f_j——㶲经济因子。

5.2 案例分析

5.2.1 案例系统描述

研究对象为生物质制氢与 SOFC 耦合系统，生物质制氢与 SOFC 耦合系统采用抛物面型槽式太阳能集热器（parabolic trough solar collector，PTSC）收集太阳辐照至地球表面的能量，并将其中一部分能量传递给热水，在热水罐中储存起来。当环境温度低于厌氧发酵细菌的工作温度时，使用存储的热水与厌氧消化基质进行换热，维持发酵温度，实现全天候生产沼气，为 SOFC 提供燃料。沼气在进入 SOFC 前通入重整器进行重整制取氢气，重整器内的化学反应包括 CH_4 自热重整与水蒸气重整，生成的气体通入 SOFC，作为电化学反应的原料。SOFC排气通入燃烧室燃烧升温，然后进入燃气轮机膨胀做功。燃气轮机出口烟气提供系统内预热过程所需的热量，保障系统正常运行。

生物质制氢与 SOFC 耦合系统主要分为三部分，分别是太阳能储热子系统、基质厌氧发酵子系统，以及 SOFC-燃气轮机子系统。图 5-1 展示了该系统的工作流程。生物质制氢与 SOFC 耦合系统的主要部件为抛物面型槽式太阳能集热器、冷/热水储罐、厌氧发酵池、重整器、固体氧化物燃料电池、燃烧室、燃气轮机、换热器、压气机以及水泵。

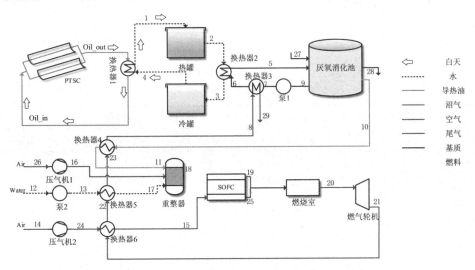

图 5-1　生物质制氢与 SOFC 耦合系统工作流程图

生物质制氢与 SOFC 耦合系统的 0 具体工作流程为：日间太阳照射 PTSC 加热在管内流动的导热油，导热油流经换热器 1 与冷罐中的储水进行换热，换热后的储水流入热罐。热罐中的储水一部分存储以供夜间使用，另一部分用于维持日间厌氧消化的温度。厌氧消化池内的基质在泵 1 的驱动下，首先经过换热器 3 与 SOFC－燃气轮机子系统的尾气进行换热，随后在换热器 2 与热罐中流出的热水进行二次换热。夜间 PTSC 停止工作，热罐中的储水流向冷罐，流经换热器 2 与基质进行换热维持厌氧消化池温度稳定，从而使发酵反应在日间与夜间都能进行。

沼气在流向重整器之前在换热器 4 与燃气轮机的尾气进行换热，给水在泵 2 被压缩后在换热器 5 蒸发为水蒸气，空气在压气机 1 被压缩，三种气体同时通入重整器进行重整反应，生成包含 CH_4、CO、H_2、CO_2、H_2O、O_2 的混合气体。随后混合气体通入 SOFC 阳极进行电化学反应，生产电能。SOFC 阴极入口空气经过压气机 2 压缩，与燃气轮机尾气在换热器 6 进行换热。SOFC 的尾气在燃烧室燃烧后通入燃气轮机膨胀做功。燃气轮机尾部烟气中的热量依次用于预热 SOFC 阴极入口空气、作为蒸发器的热源生产水蒸气为重整反应提供原料、预热沼气及厌氧消化基质，实现能量的梯级利用。

5.2.2　各状态点参数计算

依据第一章相关模型，通过仿真计算可以得出各节点的物质组成与状态参数，见表 5-1。

表 5-1　各节点组分与状态参数

节点	温度 /K	压力 /kPa	流量 /kg·s⁻¹	组分（质量分数）						
				CH_4	CO_2	H_2O	N_2	O_2	CO	H_2
Oil(out)	352.9	101	10							
Oil(in)	312.5	101	10							
1	320.59	101	22			1				
2	319.46	101	12			1				
3	303.5	101	12			1				
4	309.07	101	22			1				
5	312.47	117.61	30			1				
6	308.4	118.8	30			1				
7	307.5	120	30			1				
8	623.2	115.07	0.32		0.13	0.15	0.67	0.045		
9	307.5	101	30			1				
10	307.5	101	0.021	0.6	0.4					
11	619.8	101	0.021	0.6	0.4					
12	298.15	101	0.017			1				
13	298.15	549.9	0.017			1				
14	298.15	101	0.26				0.78	0.22		
15	1042	544.4	0.26				0.78	0.22		
16	508.4	549.9	0.027				0.78	0.22		
17	632.3	544.4	0.017			1				
18	923	418.2	0.062	0.077	0.26	0.2	0.27	0.03	0.13	0.034
19	1006	370.1	0.1	0.0091	0.23	0.44	0.17	0.021	0.069	0.002
20	1348	355.9	0.32		0.13	0.15	0.67	0.045		
21	1089	118.6	0.32		0.13	0.15	0.67	0.045		
22	763.2	117.41	0.32		0.13	0.15	0.67	0.045		

续表

节点	温度/K	压力/kPa	流量/kg·s⁻¹	组分(质量分数)						
				CH₄	CO₂	H₂O	N₂	O₂	CO	H₂
23	647.5	116.24	0.32		0.14	0.15	0.67	0.045		
24	508.4	549.9	0.26				0.78	0.22		
25	1042	374.6	0.22				0.97	0.032		
26	298.15	101	7				0.78	0.22		
27	298.15	101	0.48			1				
28	307.5	101	0.48			1				
29	332.48	113.92	0.32		0.13	0.15	0.67	0.045		

5.2.3 㶲经济学分析

列出各设备组件的燃料㶲与产品㶲，见表 5-2。

表 5-2 各部件燃料㶲与产品㶲定义

部件	燃料㶲	产品㶲
PTSC	$\dot{E}x_{\text{oil\_in}} + \dot{E}x_{\text{solar}}$	$\dot{E}x_{\text{oil\_out}}$
厌氧消化池	$\dot{E}x_{27} - \dot{E}x_{28}$	$\dot{E}x_{10} + \dot{E}x_9 - \dot{E}x_5 - \left(1 - \dfrac{T_0}{T_{Digester}}\right)Q_{loss}$
重整器	$\dot{E}x_{11} + \dot{E}x_{16} + \dot{E}x_{17}$	$\dot{E}x_{18}$
SOFC	$\dot{E}x_{18} + \dot{E}x_{15}$	$\dot{E}x_{19} + \dot{E}x_{25} + W_{\text{SOFC}}$
燃烧室	$\dot{E}x_{19} + \dot{E}x_{25}$	$\dot{E}x_{20}$
燃气轮机	$\dot{E}x_{20} - \dot{E}x_{21}$	W_{GT}
泵 1	W_{p1}	$\dot{E}x_7 - \dot{E}x_9$
泵 2	W_{p2}	$\dot{E}x_{13} - \dot{E}x_{12}$
压气机 1	W_{c1}	$\dot{E}x_{16} - \dot{E}x_{26}$
压气机 2	W_{c2}	$\dot{E}x_{24} - \dot{E}x_{14}$
换热器 1	$\dot{E}x_{\text{oil\_out}} - \dot{E}x_{\text{oil\_in}}$	$\dot{E}x_1 - \dot{E}x_4$

部件	燃料㶲	产品㶲
换热器 2	$\dot{E}x_2 - \dot{E}x_3$	$\dot{E}x_5 - \dot{E}x_6$
换热器 3	$\dot{E}x_8 - \dot{E}x_{29}$	$\dot{E}x_6 - \dot{E}x_7$
换热器 4	$\dot{E}x_{23} - \dot{E}x_8$	$\dot{E}x_{11} - \dot{E}x_{10}$
换热器 5	$\dot{E}x_{22} - \dot{E}x_{23}$	$\dot{E}x_{17} - \dot{E}x_{13}$
换热器 6	$\dot{E}x_{21} - \dot{E}x_{22}$	$\dot{E}x_{15} - \dot{E}x_{24}$

各部件㶲损见表 5-3。

表 5-3　各部件㶲损

系统部件	各部件㶲损
PTSC	$\dot{E}x_{oil\_in} + \dot{E}x_{solar} - \dot{E}x_{oil\_out}$
厌氧消化池	$\dot{E}x_{27} + \dot{E}x_5 - \dot{E}x_{28} - \dot{E}x_{10} - \dot{E}x_5 + \left(1 - \dfrac{T_0}{T_{Digester}}\right)Q_{loss}$
重整器	$\dot{E}x_{11} + \dot{E}x_{16} + \dot{E}x_{17} - \dot{E}x_{18}$
SOFC	$\dot{E}x_{18} + \dot{E}x_{15} - \dot{E}x_{19} - \dot{E}x_{25} - W_{SOFC}$
燃烧室	$\dot{E}x_{19} + \dot{E}x_{25} - \dot{E}x_{20}$
燃气轮机	$\dot{E}x_{20} - \dot{E}x_{21} - W_{GT}$
泵 1	$\dot{E}x_9 - \dot{E}x_7 + W_{p1}$
泵 2	$\dot{E}x_{12} - \dot{E}x_{13} + W_{p2}$
压气机 1	$W_{c1} + \dot{E}x_{26} - \dot{E}x_{16}$
压气机 2	$W_{c2} + \dot{E}x_{14} - \dot{E}x_{24}$
换热器 1	$\dot{E}x_{oil\_out} - \dot{E}x_{out\_in} - \dot{E}x_1 + \dot{E}x_4$
换热器 2	$\dot{E}x_2 - \dot{E}x_3 - \dot{E}x_5 + \dot{E}x_6$
换热器 3	$\dot{E}x_8 - \dot{E}x_{29} - \dot{E}x_6 + \dot{E}x_7$

系统部件	各部件㶲损
换热器 4	$\dot{E}x_{23} - \dot{E}x_8 - \dot{E}x_{11} + \dot{E}x_{10}$
换热器 5	$\dot{E}x_{22} - \dot{E}x_{23} - \dot{E}x_{17} + \dot{E}x_{13}$
换热器 6	$\dot{E}x_{21} - \dot{E}x_{22} - \dot{E}x_{15} + \dot{E}x_{24}$

各部件㶲效率见表 5-4。

表 5-4   各部件㶲效率

系统部件	㶲效率 $\eta_{ex,k}$
PTSC	$\dot{E}x_{\text{oil\_out}} / (\dot{E}x_{\text{oil\_in}} + \dot{E}x_{\text{solar}})$
厌氧消化池	$\left(\dot{E}x_{28} + \dot{E}x_{10} + \dot{E}x_9 - \left(1 - \dfrac{T_0}{T_{\text{Digester}}}\right) Q_{\text{loss}} \right) / (\dot{E}x_{27} + \dot{E}x_5)$
重整器	$\dot{E}x_{18} / (\dot{E}x_{11} + \dot{E}x_{16} + \dot{E}x_{17})$
SOFC	$(\dot{E}x_{19} + \dot{E}x_{25} + W_{\text{SOFC}}) / (\dot{E}x_{18} + \dot{E}x_{15})$
燃烧室	$\dot{E}x_{20} / (\dot{E}x_{19} + \dot{E}x_{25})$
燃气轮机	$W_{\text{GT}} / (\dot{E}x_{20} - \dot{E}x_{21})$
泵 2	$(\dot{E}x_{13} - \dot{E}x_{12}) / W_{p2}$
压气机 1	$(\dot{E}x_{16} - \dot{E}x_{26}) / W_{c1}$
压气机 2	$(\dot{E}x_{24} - \dot{E}x_{14}) / W_{c2}$
换热器 1	$(\dot{E}x_1 - \dot{E}x_4) / (\dot{E}x_{\text{oil\_out}} - \dot{E}x_{\text{out\_in}})$
换热器 2	$(\dot{E}x_5 - \dot{E}x_6) / (\dot{E}x_2 - \dot{E}x_3)$
换热器 3	$(\dot{E}x_6 - \dot{E}x_7) / (\dot{E}x_8 - \dot{E}x_{29})$
换热器 4	$(\dot{E}x_{11} - \dot{E}x_{10}) / (\dot{E}x_{23} - \dot{E}x_8)$
换热器 5	$(\dot{E}x_{17} - \dot{E}x_{13}) / (\dot{E}x_{22} - \dot{E}x_{23})$
换热器 6	$(\dot{E}x_{15} - \dot{E}x_{24}) / (\dot{E}x_{21} - \dot{E}x_{22})$

各部件燃料㶲产品㶲及㶲效率见表 5-5。

表 5-5　燃料㶲产品㶲及㶲效率

部件	燃料㶲/kW	产品㶲/kW	㶲效率
PTSC	2770.57	1832.02	66.12%
厌氧消化池	1632.06	745.39	45.67%
重整器	698.36	636.38	91.12%
SOFC	781.63	447.47	57.25%
燃烧室	378.61	345.16	91.16%
燃气轮机	151.20	117.20	77.51%
泵 1	4.80	0.57	11.91%
压气机 1	0.01	0.01	62.47%
压气机 2	5.70	5.30	92.93%
换热器 1	55.74	51.80	92.92%
换热器 2	212.99	38.61	18.13%
换热器 3	24.98	12.64	50.59%
换热器 4	63.59	3.40	5.35%
换热器 5	5.41	4.66	86.21%
换热器 6	27.23	15.69	57.62%

表 5-6、表 5-7 给出了系统的成本平衡方程和辅助方程，利用这些方程可以计算出各物质流的成本率和单位㶲成本。

表 5-6　系统成本平衡方程

系统部件	成本平衡方程
PTSC	$\dot{C}_{\mathrm{col,in}} + \dot{Z}_{\mathrm{PTSC}} = \dot{C}_{\mathrm{col,out}}$
热罐	$\dot{C}_1 + \dot{Z}_{\mathrm{ES}} = \dot{C}_2 + \dot{C}_{\mathrm{hottank}}$
冷罐	$\dot{C}_3 + \dot{Z}_{\mathrm{ES}} = \dot{C}_4 + \dot{C}_{\mathrm{coldtank}}$
厌氧消化池	$\dot{C}_5 + \dot{C}_{27} + \dot{Z}_{\mathrm{Digester}} = \dot{C}_9 + \dot{C}_{28} + \dot{C}_{10}$
重整器	$\dot{C}_{17} + \dot{C}_{11} + \dot{C}_{16} + \dot{Z}_{\mathrm{reformer}} = \dot{C}_{18}$

续表

系统部件	成本平衡方程
SOFC	$\dot{C}_{18} + \dot{C}_{15} + \dot{Z}_{SOFC} = \dot{C}_{19} + \dot{C}_{25} + \dot{C}_{W,\,SOFC}$
燃烧室	$\dot{C}_{19} + \dot{C}_{25} + \dot{Z}_{burner} = \dot{C}_{20}$
燃气轮机	$\dot{C}_{20} + \dot{Z}_{GT} = \dot{C}_{21} + \dot{C}_{W,\,GT}$
泵1	$\dot{C}_9 + \dot{Z}_{p1} + C_{W,\,p1} = \dot{C}_7$
泵2	$\dot{C}_{12} + \dot{Z}_{p2} + C_{W,\,p2} = \dot{C}_{13}$
压气机1	$\dot{C}_{26} + \dot{Z}_{c1} + C_{W,\,c1} = \dot{C}_{16}$
压气机2	$\dot{C}_{14} + \dot{Z}_{c2} + C_{W,\,c2} = \dot{C}_{24}$
换热器1	$\dot{C}_4 + \dot{C}_{oil\_out} + \dot{Z}_{HEX1} = \dot{C}_1 + \dot{C}_{oil\_in}$
换热器2	$\dot{C}_2 + \dot{C}_6 + \dot{Z}_{HEX2} = \dot{C}_3 + \dot{C}_5$
换热器3	$\dot{C}_7 + \dot{C}_8 + \dot{Z}_{HEX3} = \dot{C}_6 + \dot{C}_{29}$
换热器4	$\dot{C}_{23} + \dot{C}_{10} + \dot{Z}_{HEX4} = \dot{C}_{11} + \dot{C}_8$
换热器5	$\dot{C}_{13} + \dot{C}_{22} + \dot{Z}_{HEX5} = \dot{C}_{23} + \dot{C}_{17}$
换热器6	$\dot{C}_{24} + \dot{C}_{21} + \dot{Z}_{HEX6} = \dot{C}_{22} + \dot{C}_{15}$

辅助方程建立时遵循F原则与P原则。F原则为：当在燃料的定义中考虑进口和出口之间的㶲差时，从部件内的㶲流中除去这部分㶲。F原则指出，每个㶲单位的成本与从燃料流去除的相关成本之和等于在上游组件中向同一流供应所除去的㶲的平均成本。P原则为：需要考虑部件内部㶲流的㶲供应。P原则表明，每个㶲单元都以相同的平均成本供应给与产品相关的任何流。

表5-7　辅助方程

系统部件	辅助方程
PTSC	—
热罐	$\dfrac{\dot{C}_2}{\dot{E}_2} = \dfrac{\dot{C}_{hottank}}{\dot{E}_{hottank}}$,

系统部件	辅助方程
冷罐	$\dfrac{\dot{C}_4}{\dot{E}_4} = \dfrac{\dot{C}_{coldtank}}{\dot{E}_{coldtank}}$
厌氧消化池	$c_{27} = 0.0008\$/s,\ c_{10} = c_5 = c_{28}$
重整器	—
燃烧室	—
SOFC	$\dfrac{\dot{C}_{19}}{\dot{E}_{19}} = \dfrac{\dot{C}_{25}}{\dot{E}_{25}}$
燃气轮机	$\dfrac{\dot{C}_{20}}{\dot{E}_{20}} = \dfrac{\dot{C}_{21}}{\dot{E}_{21}}$
泵 1	$C_{W,\,pump1} = C_{W,\,GT}$
泵 2	$C_{W,\,pump2} = C_{W,\,GT}$
压气机 1	$c_{26} = 0$
压气机 2	$c_{14} = 0$
换热器 1	$\dfrac{\dot{C}_{oil\_in}}{\dot{E}_{oil\_in}} = \dfrac{\dot{C}_{oil\_out}}{\dot{E}_{oil\_out}}$
换热器 2	$\dfrac{\dot{C}_2}{\dot{E}_2} = \dfrac{\dot{C}_3}{\dot{E}_3}$
换热器 3	$\dfrac{\dot{C}_{23}}{\dot{E}_{23}} = \dfrac{\dot{C}_8}{\dot{E}_8}$
换热器 4	$\dfrac{\dot{C}_{23}}{\dot{E}_{23}} = \dfrac{\dot{C}_8}{\dot{E}_8}$
换热器 5	$\dfrac{\dot{C}_{22}}{\dot{E}_{22}} = \dfrac{\dot{C}_{23}}{\dot{E}_{23}}$
换热器 6	$\dfrac{\dot{C}_{22}}{\dot{E}_{22}} = \dfrac{\dot{C}_{21}}{\dot{E}_{21}}$

各部件成本平衡方程与相应的辅助方程组成了一个线性方程组，可以采用高斯消元法求解该方程组来计算流量成本率。

由表5-8可知，物流11、18、19、20的炯经济成本较高，分别为13.35 \$/s、14.76 \$/h、9.38 \$/h与13.86 \$/h，其单位炯经济成本分别为5.57 \$/GJ、6.44 \$/GJ、9.38 \$/GJ、11.15 \$/GJ。其中，物流11是进入重整器的燃料沼气，沼气的成本是来自太阳能储热－厌氧发酵系统，整体造价较高，且厌氧发酵过程中的炯损很大，提高了沼气的单位炯经济成本。物流18是重整器出口气体，由于自热重整需要消耗一部分CH_4为水蒸气重整反应提供热量，导致重整器的炯损较大。物流18中含有较多的化学炯，总能量高，带来较高的炯经济成本。直接引起物流19的高炯经济成本的原因是，SOFC的炯损达到了127.05kW，在SOFC－燃气轮机子系统中占比最高。SOFC高昂的造价进一步提高了单位炯经济成本。尾气在燃烧过程中带来了一定的能量损失，使得物流20的炯经济成本略高于19。

物流2、3、5的单位炯经济成本都较高，达到43.58 \$/GJ、43.58 \$/GJ、51.32 \$/GJ，主要原因为储能系统采用价格较为昂贵的碳钢制作，且换热流量大导致换热器储罐与换热器的制造成本大。物流13和17主要来自泵2，压差大，流量小，整个设备投资成本都较高。

表5-8　系统的炯经济学成本及单位经济学成本

节点	炯经济成本 C(\$/h)	单位炯经济成本 c(\$/GJ)
Oil _ in	40.79	2.44
Oil _ out	36.12	2.44
1	11.14	41.82
2	5.72	43.58
3	0.38	43.58
4	0.16	2.44
5	7.82	51.32
6	3.17	39.72
7	0.36	5.36
8	2.70	11.15
9	0.36	5.51

续表

节点	烟经济成本 C(\$ /h)	单位烟经济成本 c(\$ /GJ)
10	13.12	5.51
11	13.35	5.57
12	0	0
13	0.0014	51.66
14	0	0
15	4.15	7.94
16	0.03	1.74
17	1.19	12.34
18	14.76	6.44
19	9.38	10.14
20	13.86	11.15
21	7.79	11.15
22	4.01	11.15
23	2.91	11.15
24	0.27	1.47
25	4.44	10.14
26	0	0
27	0.48	0.08
28	1.67	5.51
29	0.15	11.15

SOFC、PTSC、换热器 6、泵 1、压气机 2 的烟经济因子分别为 0.62、0.49、0.35、0.306 与 0.424，资本投入与热力学效率匹配良好(表 5-9)。

表 5-9　各部件烟成本分析

部件	$\dot{Z}$	$\dot{C}_D$	f
PTSC	4.65	4.79	0.49
热罐	0.43	0.03	0.93
冷罐	0.43	0.01	0.97

续表

部件	$\dot{Z}$	$\dot{C}_D$	f
厌氧消化池	1.69	4.93	0.26
重整器	0.18	1.29	0.125
SOFC	4.99	3.07	0.62
燃烧室	0.04	1.22	0.029
燃气轮机	1.24	0.029	0.98
泵 1	0.075	0.17	0.306
泵 2	0.0012	0.000185	0.87
压气机 1	0.02	0.02	0.521
压气机 2	0.12	0.16	0.424
换热器 1	0.16	32.46	0.005
换热器 2	0.27	3.64	0.069
换热器 3	0.27	2.89	0.085
换热器 4	0.097	2.23	0.04
换热器 5	0.097	1.70	0.054
换热器 6	0.097	0.18	0.35

对于温差大、损失大的换热器，如换热器 2、3、5 应适当提高成本，提高换热效率。重整器、燃烧室的烟经济因子分别为 0.125、0.029，化学反应过程中的烟损较大，需要增加投入，提高重整器的转化率以及燃烧室的热效率。厌氧消化池的烟经济因子为 0.26，可以考虑增加投入。

系统配件中，泵 2 的烟经济因子为 0.87，储热系统的热罐与冷罐烟经济因子分别为 0.93 与 0.97，可以酌情考虑减少投入。泵 2 的流量较小，但采用的水泵规格并未降低，导致烟经济成本的升高。换热器的烟经济性受冷热端温差影响较大（图 5-2）。

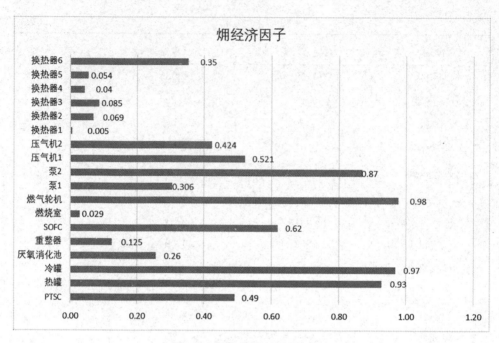

图 5-2　各部件㶲经济因子对比

参考文献

［1］Lewis G N，Randall M，Pitzer K S，et al. Thermodynamics［M］. New York：Courier Dover Publications，2020.

［2］El-Sayed Y M. The thermoeconomics of energy conversions［M］. Amsterdam：Elsevier，2013.

［3］冉鹏 . 压缩空气储能发电系统运行特性及工程方案研究［R］. 北京：清华大学，2014.

［4］Corning P A. Thermoeconomics：Beyond the second law［J］. Journal of Bioeconomics，2002，4(1)：57-88.

［5］陈则韶 . 高等工程热力学［M］. 合肥：中国科学技术大学出版社，2014.

［6］王加璇，张恒良 . 动力工程热经济学［M］. 北京：水利电力出版社，1995.

［7］Mankiw N G. 经济学原理：微观经济学分册［M］. 北京：北京大学出版社，2012.

［8］冉鹏 . 基于动态数据挖掘的电站热力系统运行优化方法研究［D］. 北京：华北电力大学，2012.

［9］伊藤猛宏 . 熱力学の基礎［M］. 東京：コロナ社，1996.

［10］西川兼康，伊藤猛宏 . 応用熱力学［M］. 東京：コロナ社，1983.

［11］杨思文，金六一，孔庆煦，等 . 高等工程热力学［M］. 北京：高等教育出版社，1988.

［12］朱明善，刘颖，史琳 . 工程热力学题型分析［M］. 北京：清华大学出版社，2011.

［13］曾丹苓，敖越，张新铭，等 . 工程热力学［M］. 北京：高等教育出版社，2002.